HOW IT WORKS

最先端ビジュアル百科
「モノ」の仕組み図鑑 2

自動車・バイク

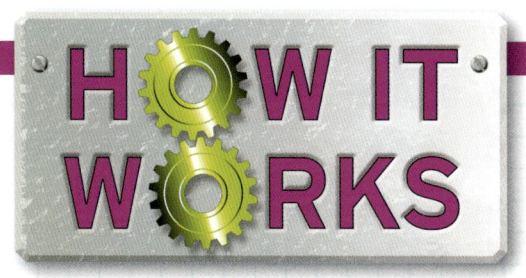

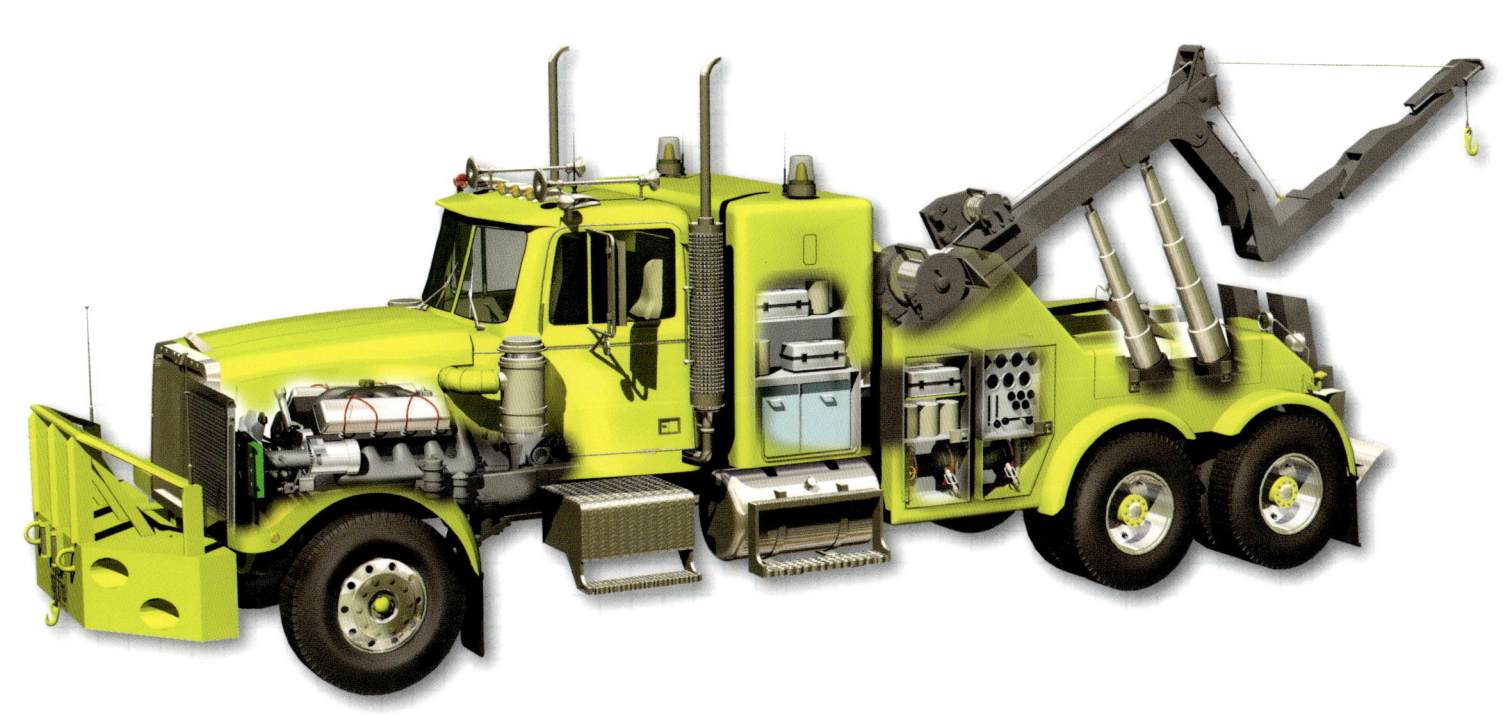

ゆまに書房

ACKNOWLEDGEMENTS

All panel artworks by Rocket Design
The publishers would like to thank the following sources for the use of their photographs:
Alamy: 15 DBURKE; 27 Motoring Picture Library
Corbis: 5 (b) Clifford White; 9 Mike King; 19 Diego Azubella/epa; 21 Chris Williams/Icon/SMI; 23 Transtock; 24 Walter G. Arce/ASP Inc.Icon SMI; 33 Thinkstock; 34 George Hall
Fotolia: 13 Sculpies – Fotolia.com
Getty Images: 28 Tim Graham; 31 James Balog
Rex Features: 5 (c) The Travel Library; 7; 11 KPA/Zama; 17 Motor Audi Car
Science Photo Library: 4 (t) LIBRARY OF CONGRESS;
All other photographs are from Miles Kelly Archives

Copyright©Miles Kelly Publishing Ltd
Japanese translation rights arranged with Miles Kelly Publishing Ltd
through Japan UNI Agency, Inc., Tokyo

もくじ

はじめに 4

マウンテンバイク 6

ロードレーサー 8

アメリカンバイク 10

スポーツバイク（スーパースポーツバイク）...12

セダン（サルーン）............... 14

スーパースポーツカー 16

F1カー 18

ドラッグカー 20

4WDオフローダー 22

ラリーカー 24

ピックアップトラック 26

バ ス 28

トレーラートラック 30

レッカー車 32

消防自動車 34

用語解説 36

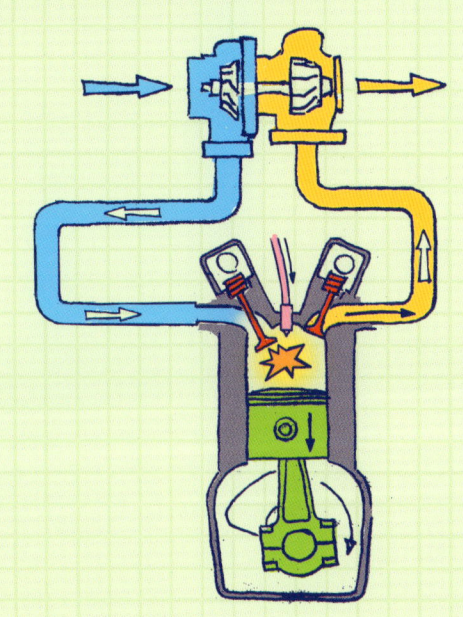

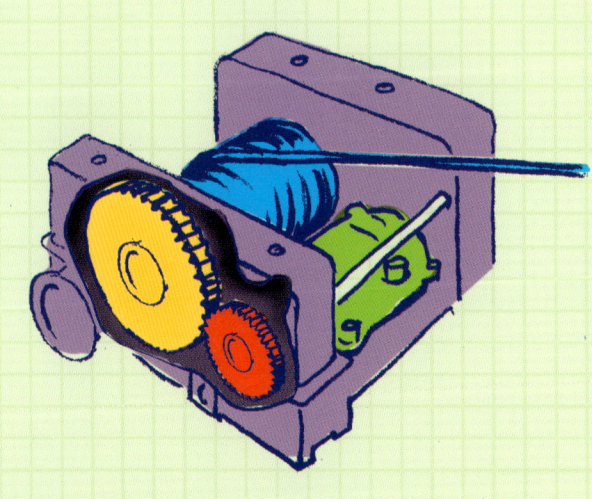

はじめに

車輪が発明されたのは、今から6000年ほどむかし、西アジアでのこと。最初は土をのせて、こねながら回し、おわんやつぼをつくるための「ろくろ」とよばれる円ばんだった。それが2500年ほどの間に、牛や馬、どれいたちが引く荷車の車輪になったんだ。その後、3000年以上がすぎ、自転車が登場した。初めての自転車は、ペダルがなくて、自分の足で地面をけって進むのり物だった。そして自転車からすぐ後、「ろくろ」からはおよそ5800年の年月をへて、ようやくエンジンと車輪をもつ、1人用ののり物が発明されたんだよ。それでは、むかしの人たちがどんな苦労をしてのり物の発明にかかわってきたのか、その道のりをいっしょに見ていこう。

「ペニーファージング」とよばれる1870年代の自転車。車輪にくっつけられたペダルをこいで、前に進んだ。

ペダルの軽さか、回転の速さか。自転車のギアは、そのどちらかを優先させることになる。2つ同時は無理なんだよ

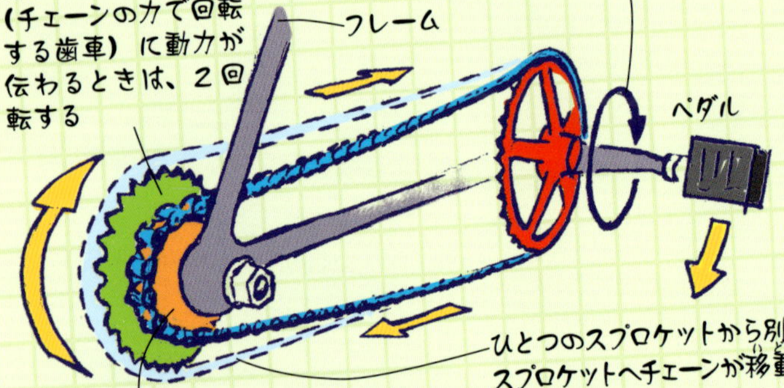

- 緑のスプロケット（チェーンの力で回転する歯車）に動力が伝わるときは、2回転する
- フレーム
- 赤のスプロケットが動力を受け、1回転する
- ペダル
- オレンジ色の小さいスプロケットに動力が伝わるときは、3回転する
- ひとつのスプロケットから別のスプロケットへチェーンが移動し、後輪に動力を伝える

さあ、出発だ！

19世紀も終わりに近づくと、ペダルでこぐ自転車や、エンジンを搭載した自動車あるいはオートバイが見られるようになった。それでも、舗装されていない道にはとがった石がころがっていたし、深い穴だってあいていた。人や荷物を運ぶ車は、たいていが牛や馬などの動物に引っぱられていたんだ。最初のころの自動車は蒸気や電気で動くものがほとんどで、馬車づくりと同じ手法で、手づくりされることも多かったんだよ。

みんなでのろう！

1908年にアメリカのフォード・モーター・カンパニーが取りいれた製造ラインでは、あらかじめつくってあった部品を組み立てることによって、同じ形の車を大量生産することができた。そのため、車の値段が急激に下がり、少しずつ一般の人の手にもとどく存在となったんだ。1950年代に入るころには、バンパーやグリルなどをピカピカにメッキ加工し、内装に革を使った大型車も登場した。でも多くの人が車にのるようになったのは1960年代で、フォルクスワーゲン・ビートルやミニといった名前の、もっと値段の安い小型車だった。

イギリスの小型車、ミニはただ小さいだけではなく、1960年代を象徴するファッションアイテムでもあった。

>>> 自動車・バイク <<<

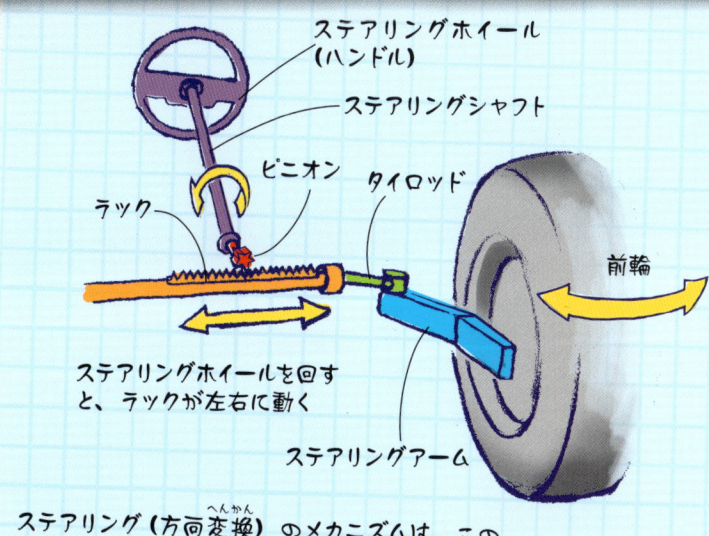

ステアリング（方向変換）のメカニズムは、この100年でほとんど変化していない

もっともっと！

道路を走るのり物はよりパワフルに、よりがんじょうになり、そしてさまざまな形に発展した。今では貨物を運ぶ大型トラック、火事や車両故障のときに出動する緊急車両、四輪駆動のオフローダーや、ピックアップトラックとよばれる小型トラックが走りまわっているんだ。変速ギアの段数がふえ、ブレーキもよくきくようになった。エンジンはパワーアップしたし、のり心地もよくなった。ファミリーカーでショッピングに出かけたり、サイクリングを楽しんだり、スクールバスで通学したり、渋滞のない高速道路を気持ちよく飛ばしたり……自動車も自転車も、わたしたちの日常生活にかかせない存在になったんだ。

オーストラリアの広大な大地を走り、物資を輸送するのは巨大なロードトレイン

3・2・1…ゴー！

人はより速く目的地につきたいと考え、新しい移動手段を工夫してきた。ロードレースにオフロードレース、そしてドラッグレースなど、自転車競技も自動車競技も花ざかり。現在も、世界最大の観客数をほこるF1（フォーミュラー1）では、何十億円もする自動車が超高速のレースをくり広げている。

自動車はこの100年で大きな進歩をとげた。だけど、ガソリンのもととなる化石燃料がどんどん少なくなり、地球温暖化も進み続けている。今となっては、自動車なしの生活なんて考えられるかな？

F1レースが開催されるたび、6億をこえる人たちがテレビ観戦をするんだ。

マウンテンバイク

自転車のおおまかなデザインは、100年以上前からほとんど変わっていない。ハンドルやホイール、チェーンにギア、そしてスプリング（バネ）など、たくさんの装置やかんたんな仕掛けが自転車を走らせるんだよ。それから、自転車は健康によいし、エンジンがなくて、有害な排気ガスを出さないので、環境にもとてもやさしいんだ。

へえ、そうなんだ！
最初の自転車が生まれたのは1810年代のドイツとフランス。そのころはペダルがなくて、足で地面をけって走っていたんだって。

この先どうなるの？
きっと電動自転車はもっと多くの人がのるようになるだろうし、まるで大きなシャボン玉の中に入ったみたいに、透明なドーム状カバーにつつまれて、雨でもぬれないようになるかもね。

ふつうの自転車競技（ロードレースやトラックレース）から遅れること100年。1996年になって、マウンテンバイクレースも正式にオリンピック競技に加わった。

変速機 ギアを切りかえるのは、ディレイラーとよばれる装置。1つのスプロケットから別のスプロケットへ、チェーンを移動させるんだ。

サスペンション でこぼこ道を走ると、後輪のフレームがもちあがり、大きなスプリングがちぢんで、衝撃が吸収される。

- 中間サイズの緑のスプロケットが動力を受け、2回転する
- 大きな赤のスプロケット（チェーンホイール）が1回転し、チェーンを駆動する
- フレーム
- ペダル
- チェーンからの動力を受けるスプロケット。後輪に取りつけられている
- チェーンが移動して、駆動するスプロケットを切りかえる
- オレンジ色の小さいスプロケットが動力を受け、3回転する

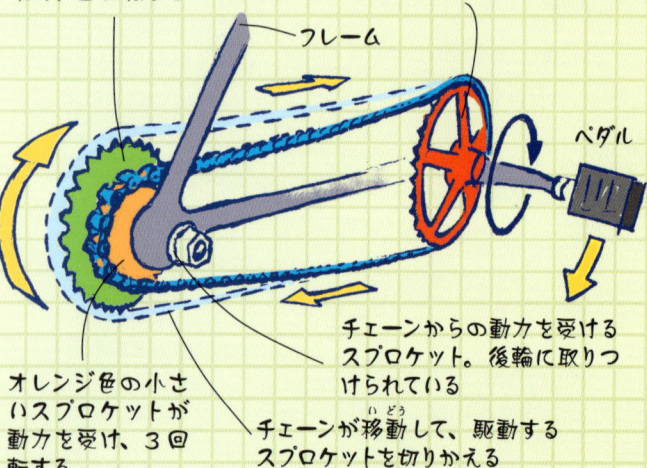

＊チェーンとスプロケットの仕組み

クランクスプロケット（チェーンホイール）はペダルに、リア（後輪）スプロケットは後輪にくっついている。リアスプロケットは大きさによって歯の数がちがうんだ。低速のローギアに入れると、クランクスプロケットの1回転に対して、大きいリアスプロケットが2回転する。ひとこぎで進む距離は短いけれど、ペダルは軽いんだ。高速のハイギアに入れたときは、チェーンが小さいスプロケットに移動するので、クランクスプロケット1回転に対して、リアスプロケットは3回転することになる。だから、ひとこぎで長い距離を進むことができるかわりに、ペダルが重くなる。つまり、ちょうどよい力と速さでペダルをこげるように、ギアを入れかえることができるんだよ。

- リアスプロケットセット
- ギアワイヤー
- クランクスプロケットセット
- チェーン

ペダル ペダルをふむと、クランクスプロケットが回転する。そのクランクスプロケットの歯がチェーンの穴にかみあっているので、リア（後輪）スプロケットも空回りすることなく、回転できるんだ。

>>> 自動車・バイク <<<

オリンピックにも出場した自転車競技選手ジョン・ハワードが1985年、自転車で時速245キロメートルという世界最速の記録を出した。円すい形の風よけをつけた車のうしろを走ることによって、空気抵抗を小さくしたんだ。

2007年、マルクス・ストエケルがマウンテンバイクで時速210キロメートルの記録を出した。南米のチリで、山の急斜面をすべるようにかけおりたんだ。

変速機 ハンドルバーについているレバーを親指で動かす。レバーから変速機までワイヤーがつながっていて、ふつうは左のレバーで前の、右のレバーでうしろの変速機を操作する。マウンテンバイクにはたくさんのギアがあるけれど……最高27個だよ！

ブレーキワイヤー

ギア（シフト）ワイヤー

フレームのダウンチューブ

ブレーキパッド

路面をしっかりとらえる、でこぼこの多いタイヤ

警察官がジャイロバイク「セグウェイ」で空港を走りまわる。

✳ ジャイロバイク

プラットフォームとよばれる台の両端に小さな車輪がついているジャイロバイク。車輪にはモーターが内蔵されていて、プラットフォームの上で体重を前に移動させるとモーターのスイッチが入り、ジャイロバイクが前進する。ハンドルを左右のどちらかにかたむけると、片方だけモーターの回転数が上がるので、進路を変えることができる。プラットフォームの中にはジャイロスコープが入っている。これは高速で回転する小さな円ばんで、ジャイロバイクがバランスをくずして倒れないように、モーターの回転数を調節するんだ。

ディスクブレーキ 金属製のディスク（円ばん）をブレーキパッドがはさみこむ。ディスクが大きければ、ブレーキパッドの接する面積も大きくなる。急ブレーキをかけても熱くなりすぎないように、ディスクには放熱用の穴があいているんだ。

ロードレーサー

ロードレーサーは、自転車界ナンバーワンの長距離ランナーだ。ふつうの自転車やマウンテンバイクより軽く、よぶんな装備をはぶいた単純な構造をしている。動く部品が少ないから、故障も少ないんだよ。高性能のロードレーサーなら、大雨がふっていようと、たった1日で200キロメートルを走るのだってへっちゃらさ！

へえ、そうなんだ！

最初のころ、自転車の車輪は木製だった。そのうち、車輪に金属の輪を取りつけるようになり、その後、かたいゴム製のタイヤが使われるようになったけれど、いずれにしてものり心地はよくなかった。そこで、ジョン・ボイド・ダンロップは、むすこの自転車用に、空気入りタイヤを実用化したんだ。

ボールベアリング たいていの自転車にはボールベアリングがたくさん使われていて、多いもので10組もあるんだ。ヘッドチューブに取りつけられた2組はそれぞれ、ハンドルバーとフロントフォークをささえる。

（ヘッドチューブ）
（フロントフォーク）

レース用ハンドルバー ドロップハンドルは下向きにカーブしている。のり手は前傾姿勢になりまっすぐにすわるよりも頭の位置が下がる。つまり、空気抵抗は小さくなり、ペダルをふむ力は強くなるんだ。

✳ ボールベアリングの仕組み

2つの部品がちがう方向に動くときのまさつを減少させるのがベアリング。部品がすりへったり、運動エネルギーがまさつ熱になってにげたりするのをふせぐんだ。ボールベアリングの構造を見てみると、レースとよばれる輪が外と内にあって、その間にかたい金属製のボールがぴったりとはさまるようにしてならんでいるのがわかる。ボールはどの方向にも回転するので、ボール表面のすりへり方が均一になるし、まさつ熱も発散されてシャフトが高温にならないんだよ。

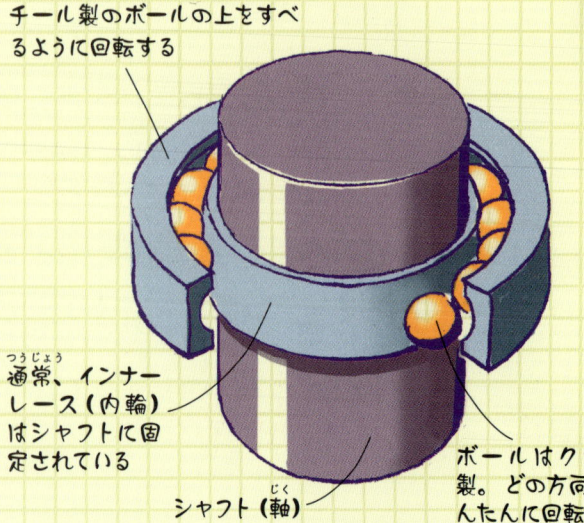

アウターレース（外輪）はスチール製のボールの上をすべるように回転する

通常、インナーレース（内輪）はシャフトに固定されている

シャフト（軸）

ボールはクロム鋼製。どの方向にもかんたんに回転する

ロープロファイルタイヤ タイヤはロープロファイル。つまり厚みがなくて、幅が広い。サイドウォールの高さが、タイヤ幅より小さいので、地面をしっかりとらえられるけれど、のり心地は悪い。

>>> 自動車・バイク <<<

1930年代に入るまで、ロードレーサーには変速機がなかった。のり手はいちいち自転車をおりて後輪をはずし、ちがうサイズのスプロケットがついたものに変えていたんだ。

サドル のり手がペダルをこぐときに、ふとももがこすれないよう、細長い形をしている。

ゴッサマーコンドルやゴッサマーアルバトロスなどの人力飛行機では、自転車のようなペダルをこいで、プロペラを回転させる。人間の体のなかで一番パワフルなのが、足の筋肉だからだよ。

合金のフレーム

ダウンチューブ

スポーク たいていの車輪にはスチール製かアルミ合金製のスポークが28〜36本ある。スポークはリムを外側へ押すのではなく、内側に引っぱっている。

ペダルつきの自転車が発明されたのは1860年代のこと。最初はチェーンもギアもなく、ペダルは前輪を直接回転させていた。

クランク

＊ トラックレーサー

トラックレースは自転車界のF1レースだ。レース用の自転車はプラスチックや金属、カーボンファイバーなどを使った最新の複合材でできていて、とてもじょうぶなのに、とても軽い。また、部品だけではなく、のり手も、空気抵抗を最小限におさえなければならない。だから、ヘルメットは流線形なんだよ。

ホイールリム リムは軽い合金でできている。アルミと、いくつかの金属を特別な割合でまぜてつくるんだ。

1899年、チャールズ・ミンソーン・マーフィーが世界で初めて1マイル（1.6キロメートル）を1分かからずに走った。正確には57.75秒だって！

空気抵抗を少なくするため、頭を低くするトラックレース選手

アメリカンバイク

アメリカンバイクは「ロングアンドロー」。つまり、車体が長く、車高が低くて、陸上を走るのり物の中でもピカイチのかっこよさだ。もっと速いバイクはあるけれど、高速道路を走るアメリカンバイクののり心地は最高！ ゆとりのあるサスペンションがでこぼこの衝撃を吸収するし、スピードを出して長距離を走るためのパワーも十分だ。

へえ、そうなんだ！

1885年、ゴットリープ・ダイムラーは発明したばかりのガソリンエンジンを木製2輪車のフレームに取りつけた。これがオートバイのはじまりだ。オートバイの大量生産が始まるのは1894年。排気量1500ccのヒルデブラント＆ヴォルフミューラーが最初だ。

この先どうなるの？

年々人気が高まる電動スクーター。スピードもどんどん速くなり、ついに時速270キロメートルを記録したよ！

ハーレーダビッドソン

バケットシート

シリンダー冷却フィン

コイルスプリングダンパー式サスペンション

マフラー この長い管は、エンジンが効率よく働くように、排気ガスを外へ出すためのもの。また、エンジンの排気音を小さくするというサイレンサーの役わりももっている。

トランスミッション エンジンの回転によって生じたパワーをドライブベルトへ伝えるギアのセット。その後、回転力は後輪へ伝わる。

※ コイルスプリングダンパー式サスペンションの仕組み

でこぼこ道の衝撃を吸収するのがスプリング（バネ）式サスペンション。スプリングをぎゅっと押してからはなすと、少しの間、スプリングは反動でのびたりちぢんだりをくり返す。油圧式のダンパー（衝撃を吸収する装置）をスプリングの中に入れると、そののびちぢみを小さくすることができるんだ。ダンパーはオイルを入れて密閉した筒で、その中にもう少し細い管がはまっている。のびたりちぢんだりする望遠鏡に、ちょっと似ているよ。さて、筒の中のオイルにはねばり気があり、すばやい動きを小さく、なめらかにできる。だから、スプリングのはね返りが小さくなるんだ。

- 上の端はバイクのフレームに固定される
- オイルの入ったダンパーがスプリングのはね返りをおさえる
- バイクがでこぼこの上を走るたび、強力なコイルスプリングがぐっと押される
- 下の端は車輪のサスペンションアームに固定される

人をのせるための、小さなサイドカーをつけているバイクもあるよ。サイドカーにも車輪がついているんだ。

>>> 自動車・バイク <<<

スロットル ハンドルバー右側のアクセルグリップから出ているワイヤーはエンジンにつながっている。グリップをひねってスロットルを開くと、エンジンに流れこむ燃料がふえ、スピードが上がる。

1903年、ウィリアム・ハーレーとアーサー・ダビッドソンという友だち2人がレース用に、単気筒（シリンダーがひとつしかない）のバイクをつくった。これが世界的に有名なハーレーダビッドソン・ツアラーの始まりだ。

燃料タンク ライダーのすぐ前にある、丸みをおびた燃料タンク。とてもがんじょうな金属でできている。

フロントフォーク フロントフォークは長くて、前輪は上下に動くことができるので、でこぼこ道の衝撃を吸収できる。つまり、ライダーに伝わる衝撃が小さくなるんだ。

フェンダー（泥よけ）

ブレーキディスク

ブレーキキャリパー

エンジン 排気量1584ccの2気筒エンジンは前輪と後輪の間、低い位置にある。そのため、バイクの安定性が増して、ころびにくいんだ。

✳ ビッグスクーターって何?

通常、スクーターの車輪はふつうのバイクよりも小さい。また、スクーターにはスクリーンとよばれる流線形の風よけカバーがついている。旧型のスクーターはスピードも出ないし、バランスも悪かったが、新型のビッグスクーターは速くて快適、それに安全だ。ギアチェンジはオートマチックで、ガソリンエンジンでも電気モーターでもよく走る。

気軽に走りまわるなら、ビッグスクーターが理想的

スポーツバイク（スーパースポーツバイク）

道路を走るのり物の中でもトップクラスのスピードをほこるのが、スポーツバイク。見た目もかっこよく、パワフルなマシンだ。さすがにレース用バイクのスピードにはかなわないけど、「一般道バージョンのレーサー」ともいえるかもね。ただし、高出力のエンジンを搭載していながら、軽くて、ステアリングがせん細なので、初心者にはてごわいバイクだ。

へえ、そうなんだ！

1950年代に入るまで、ペダルを押しさげてエンジンをかけるキックスタート方式が使われていた。最近では、ほとんどのバイクが自動車と同じように、セルモーターを回してエンジンを始動させるようになった。

この先どうなるの？

バイクをのりまわすスタントマンは、いつも何か新しいことを考えつくんだ。いきおいよくジャンプ台でとんで、2回転、3回転したりね！

レース用バイクはなんと、時速300キロメートルを出すことができる。もちろん、走るのは一般道ではなくて、サーキットだよ！

風よけ 透明でがんじょうなプラスチック製のスクリーンがあるから、スピードを出しても空気は上向きに流れ、ライダーを直撃せず、頭の上へとにげていく。

クラッチレバー クラッチをにぎると、ギアボックスとエンジンが切りはなされるので、ギアボックス内部で回転するギアを傷つけることなく、ギアチェンジができる（P16も見てみよう）。

スチール製ブレーキディスク

ブレーキパッドがディスクに押しつけられる

油圧（オイルの圧力）でピストンが押されることにより、ブレーキパッドがディスクに押しつけられる（P35も見てみよう）

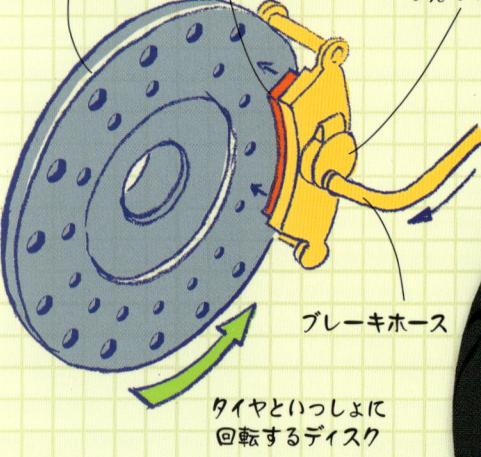

ブレーキホース

タイヤといっしょに回転するディスク

✱ ブレーキの仕組み

ディスクブレーキでは、大きな金属製ディスクが車輪に直結している。セラミック複合材など、とてもかたい素材でできているブレーキパッドをディスクに押しつけると、まさつが生じて、ディスクの回転がおそくなる。ブレーキレバーからの力をブレーキパッドに伝えるのは、ブレーキレバーにつながるワイヤー。または、油圧式ならば、レバーやペダルの操作で生じる高い圧力が、ブレーキホース内のオイルを通して伝わるんだ。

ブレーキディスク

流線形のカウリング

ラジエータースクープ 低い位置にあるすきまから取りこんだ空気が、裏側にあるラジエーターの周囲を流れる。ラジエーターにはエンジンを冷やすための水が入っているんだ。

>>> 自動車・バイク <<<

1988年から始まったスーパーバイク世界選手権では、ほぼ毎年といっていいほど、ホンダとドゥカティ2社のマシンが優勝争いをしている。

「スーパーバイク」とは、排気量1200ccまでのバイクが出場するレースのカテゴリーでもある。

四輪バギー

自動車とバイク、両方の特徴をあわせもったのが四輪バギー。四輪だけどボディがなくて、のり手の体はむきだしなんだ。スピードにのったままコーナーを曲がろうとすると転倒することがあるので、運転はむずかしい。どろんこの原っぱや、でこぼこのコースを楽しむためのマシンだ。

四輪バギーにはストロークの長いサスペンションが装備されている。

マフラー

スイングアーム U字形の部品で、サスペンションの役わりをもつ。フレームとのつなぎ目を軸にして上下するので、路面をしっかりとらえることができるんだ。

タイヤ レースには、溝がないスリックタイヤを使う。高速で走っても、しっかりと地面をとらえられるんだ。

スリースポークホイール

軽量のアロイホイール

水冷エンジン

ギアペダル ペダルを足で上げ下げして、一段ずつギアを切りかえていく。

セダン（サルーン）

セダン（サルーン）は、100年ほど前に登場してから、基本的な構造がほとんど変わっていない。車輪は4本。車体の前方には、前輪または後輪を駆動するエンジンがおさめられている。まんなかの車室にはフロントシートが2席と、リアシートが2～3席。そして、車体後部には荷物を収納するトランク。これがセダンだ。

へえ、そうなんだ！

ガソリンエンジンで走る自動車をはじめてつくったのは、カール・ベンツ。1885年のことだ。前が1輪しかなくて、うしろが2輪。方向転換にはレバーを使い、前輪の向きを変えていた。

この先どうなるの？

未来の自動車は、GPS（衛星ナビゲーションシステム）とラジオの電波を使って中央の大型コンピューターと通信し、自動走行するようになるかもよ。

エンジン たいていのファミリーカーには排気量2000cc（2リットル）以上のエンジンが搭載されている。通常のエンジンは4つまたは6つのシリンダーが1列にならんでいる。この図はV型8気筒とよばれるもので、8シリンダーが4つずつ2列にならび、V字型をつくっている（P19も見てみよう）。

フロントサスペンション 上下にサスペンションアームがあるので、前輪が上下に動くことができる。

✱ ガソリンエンジンの仕組み

ガソリンエンジンでは、シリンダーの中でピストンが上下運動する。その仕組みには4つの行程（4ストローク）がある。

❶**吸気** ピストンが下がると、燃料のガソリンと空気がまざった「混合気」が吸気バルブからシリンダーに吸いこまれる。

❷**圧縮** ピストンが上がり、混合気をぎゅっと押しちぢめる。

❸**燃焼** 点火プラグで混合気を爆発させると、そのいきおいでピストンが下がる。

❹**排気** ピストンがふたたび上がり、燃焼した混合気を排気バルブから排出する。コンロッドが、ピストンの上下運動をクランクシャフトの回転運動に変化させる。

ヘッドライト

ラジエーターグリル

20世紀の初め、最も速い自動車は蒸気機関や電気で走っていた。

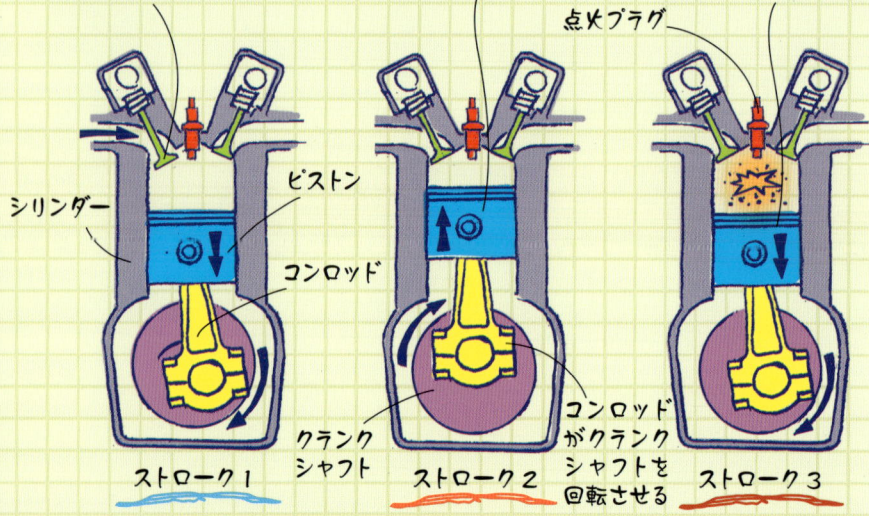

燃料と空気の混合気が吸気バルブからエンジンの中に入る

吸気バルブが閉じてピストンが上がると、混合気が圧縮される

混合気が爆発し、ピストンを押し下げる

排気バルブが開き、燃焼した混合気が排気ガスになって出ていく

点火プラグ

シリンダー　ピストン　コンロッド　ストローク1　ストローク2　コンロッドがクランクシャフトを回転させる　ストローク3　ストローク4　クランクケース　クランクシャフト

14

>>> 自動車・バイク <<<

アストンマーティンのセダン

1908年、T型フォードの大量生産が始まり、自動車は一般の人たちの手にもとどくようになった。

リアトランスミッション プロペラシャフトの回転は、ギアを通じて後輪のドライブシャフトに伝わる。

プロペラシャフト セダンの多くが前輪駆動だ。この図のような後輪駆動タイプでは、トランスミッションからの回転運動は、車体の下を走るプロペラシャフトによって、後輪へと伝えられる。

アロイホイール

自動車の歴史の中で、販売台数が一番多いのはトヨタ・カローラだ。1966年に生産が開始されてから、3000万台以上も販売されている。

1960年代に大人気だった小さなオースチンミニ。サイズをおさえるため、横置きエンジンで前輪を駆動した。

街の中で充電する電気自動車

＊ エコカー

ハイブリッドカーの動力は、小型のガソリンエンジンとバッテリーつきの電動モーター。電気で走るときは、とても静かだし、有害な排出ガスが出ない。バッテリーが切れたら、ガソリンエンジンがかかって、バッテリーを充電する。また、加速するときに、ガソリンエンジンが電動モーターを補助することもできるんだ。

スーパースポーツカー

優雅にくらす人にとっては、パワフルなエンジンを搭載したスポーツカーは理想の車かもしれないね。トランクは小さいから、スーパーでの買いだめには向いていない。車高が低いから、でこぼこ道を走ると、車体の下側がこすれてしまう。だけど、かっこよさはナンバーワン。低い車高と流線形のボディで、空気抵抗を最小限におさえている。これって、すごく速く走るにはだいじなことなんだよ。

へえ、そうなんだ！

1960年代、スポーツカーやレーシングカーにウイングがつけられるようになった。ウイングは航空機の翼をさかさにしたようなもので、浮きあがろうとする車をおさえることによって、タイヤが地面をしっかりとらえ、ステアリング（ハンドルで進行方向を変えるシステム）が安定するんだ。

この先どうなるの？

世界トップクラスのスーパースポーツカー、ヴェイロン。そのメーカーであるブガッティ社はトップの座を守るため、数年以内にニューモデルを発表する予定だ。

ヴェイロンという名前は、1939年のルマン24時間耐久レースにブガッティで優勝したドライバー、ピエール・ヴェイロンにちなんでいる。

ブガッティ・ヴェイロンは2005年に、世界最速の市販車としてデビューした。値段が100万ユーロをこえる（およそ1億円以上）、世界最高クラスの高級車でもあるんだ。

格納式のウイング スポイラーともよばれるリアウイング。ヴェイロンで時速200〜370キロメートルを出すときには、スイッチオンで車体とウイングを下げる。すると、空気の流れを受けて浮きあがろうとする車をおさえることができるというわけ。

W型16気筒エンジン V型8気筒が2組あるような感じ。16のシリンダーが4つずつ4組、2つのVが少し重なったWの形にならんでいる。

トランスミッション コンピューター制御されている7速のトランスミッション。ギアチェンジにかかるのは、わずか0.2秒だ。ドライバーはハンドルわきのパドルシフトとよばれる小さなレバーを引いて、ギアを入れかえる。

マフラー

✳ トランスミッションの仕組み

自動車のギアボックスには何組かのギア（歯車）が入っていて、回転している。そのうちいくつかのギアはレイシャフトにはまっている。エンジンにつながるシャフト（下の図、緑の車軸）と、駆動輪（動力を受けて回転する車輪）につながるシャフト（黄色の車軸）との中間にあるのがレイシャフト（赤の車軸）だよ。ギアを入れかえると、カラーとよばれる輪状の部品（紫色の部品）がシャフト（黄色）の上をスライドし、ちがう組み合わせのギアを連結させる。そうすると、エンジンの回転数が同じでも、車輪の回転が速くなったり、おそくなったりするんだ。

- ドライバーが操作するシフトレバー
- ドライブシャフトの溝にそって、カラーがスライドする。高速か低速かを選ぶと、カラーの側面についている歯が、選ばれたギアに固定される
- セレクターがギアの間でカラーをスライドさせる
- 低速ギア
- 高速ギアが選ばれた
- ドライブシャフト
- 車輪へ動力を伝える
- エンジンからの動力
- ギアはレイシャフトから動力を受けているが、ドライブシャフトの上で空回りしている。カラーで固定されてはじめて、ドライブシャフトに動力を伝える
- レイシャフト

>>> 自動車・バイク <<<

ブガッティ・ヴェイロンは10基ものラジエーターを搭載している。そのうち3基がエンジン用、2基がエアコン用だ！

ルマンのドライバーは何週間もの訓練をこなす。

✲ ルマン24時間耐久レース

世界で一番有名なレースのひとつ、ルマンではスポーツカーが24時間ノンストップで走り続ける。参加できるのは各チーム1台だけ。ドライバーは3人で交代できるが、1人が連続して走れるのは4時間まで。レース中のピットイン回数は30をこえ、平均時速200キロメートル以上で、走行距離は5000キロメートルをこえる。

ブレーキ ブレーキディスクはカーボン複合材で、ディスクに押しつけられるピストンはチタンでできているので、まさつ熱の影響を受けにくい。

ブガッティ・ヴェイロン

幅広のロープロファイルタイヤ

アロイホイール

ブガッティ社は長年にわたって、すばらしい車をつくり続けている。1920年代に開発されたロワイヤルは巨大な車だ。エンジンの排気量はなんと12000cc。ボンネットの長さだけでも、今の小型車より長いんだ！

プロペラシャフト 駆動輪が4本のスポーツカーで、エンジンが車体のまんなかや後方におかれている場合、エンジンからはなれている前輪に駆動力を伝えるのがプロペラシャフトだ。

ドライブシャフト どの駆動輪もドライブシャフトとよばれる短い車軸につながっている。ヴェイロンは4つの車輪すべてを動かして走る四輪駆動だ。

17

F1カー

F1（フォーミュラー1）カーは、レースカーとして世界一大きい車ではないし、速さもパワーも一番というわけではない。だけど、曲がりくねったコースで最高の走りを見せる。スピードにのったかと思うと、強くブレーキをふみこんでコーナーを曲がるんだ。F1カーをつくるときには、1000以上ものレギュレーション（規則）を守らなければならない。たとえばエンジンの大きさや車体の重量とか、センサーを搭載しなければならないとか。それに、ギアボックスは連続4回のレースで変えてはダメ。同じものを使わなくてはいけないんだって。

へえ、そうなんだ！

むかしはいろんなレースがあった。車の種類もルールもいろいろだったんだ。そんな中でF1レースがはじめて開催されたのは1950年。今では年に18回ほどのレースが世界のあちらこちらを転戦しながら開催される。どのレースも走行距離は300キロメートルをこえるが、2時間もかからずに終わってしまう。

この先どうなるの？

ロケット・レーシング・リーグが計画しているレースはロケットエンジンを搭載した車や航空機がスピードを競って、60〜90分にわたってたたかうというもの。

サスペンションアーム サスペンションアームがふれるおかげで、車輪も上下に動くことができる。

テレメトリー スピードやブレーキの温度など、たくさんの情報をセンサーで測定し、ピットにいるチームメンバーに無線で送る。

ミラー

フロントウイング フロントウイングが生むダウンフォース（車体に対して下向きに働く力）はリアウイングの約3分の1。だけど、前輪を地面に強く押しつけるので、ステアリングが安定するんだ。両端にまっすぐ立ったプレートがあるので、空気は車輪の上をスムーズに流れていく。

F1カーのエンジンは車体の一部にもなっている。エンジンの前には、ドライバーがすわるコックピットがボルトで固定されている。トランスミッション（変速機）とリアサスペンションはエンジンの後方に固定されている。

ノーズコーン（頭部）

ECU（電子制御ユニット）がセンサーからの信号を受けとったのち、燃料の噴射量をきめる

シリンダーに入っていく空気にむかって、インジェクターから燃料が噴射される

電源ワイヤー

シリンダーの中に空気を送る

シリンダー

燃料ポンプ

燃料タンク

フューエルレギュレーターが、あまった燃料をタンクにもどす

＊燃料噴射の仕組み

燃料ポンプからの圧力を受けると、シリンダーに入っていく空気に向かって、インジェクター（燃料噴射装置）が燃料を噴射する。空気圧やエンジンの回転数、排出ガス中の酸素量（燃焼せずに残った燃料の量がわかる）など、センサーからの情報をもとに、ECUが1回の噴出量を決定するんだ。

タイヤ 晴れ用（ドライ）、大雨用（ウェット）、小雨用（インターミディエイト）のタイヤがある。ドライタイヤは、溝やもようのないスリックタイヤだ。

>>> 自動車・バイク <<<

ロータス、フェラーリ、ブラバムの3社が空気の力を利用すること、つまり空気力学をはじめて取りいれたのは1960年代の後半。F1カーのタイヤがしっかり地面をとらえるようにと応用をはじめたんだよ。

カメラ台

エンジン用吸気口

リアウイング 直線が多くスピードが出やすいコースと、曲がりくねってスピードが出にくいコースとでは、使用されるウイングの形がちがう。

V型8気筒 エンジンのシリンダーは8つあり、4つずつがV字型になるようならんでいる。

ラジエーター コックピット両側のポッドとよばれる場所に1基ずつ、計2基のラジエーターが入っている。エンジンの熱であつくなった冷却水を、ラジエーターで冷やすんだ。

ラジエーター用吸気口

F1カーの燃料タンクはかんたんに変形する袋状のもので、ケブラーという樹脂でできている。ケブラーは防弾チョッキにも使われるぐらいじょうぶな素材なんだ。

F1カーのエンジンは排気量が2400ccまでで、部品の数は5000をこえる。パワーにいたっては900馬力以上、ふつうの車の6倍もあるんだ。

✱ ピットイン

むかし、レースカーはピットとよばれる穴（くぼみ）の上にとまり、メカニックはその穴の中から車の下側を整備していた。そこから、レースカーの整備をする場所をピットとよぶようになったんだ。F1カーは、たとえば4本のタイヤを全部交換し、ノーズコーンやウイングなどのこわれた部品を取りかえ、給油する。そのすべてをたった10秒の間にやっちゃうんだよ。

ルイス・ハミルトンの車に給油するピットクルー

ドラッグカー

自動車競技の中でも一番うるさくて、一番速いのがドラッグレースだ。レースに参加するのは２台ずつ。スタートを切ってから、あっという間にトップスピードを出し、402.3メートル（1/4マイル）または201メートル（1/8マイル）の直線コースをかけぬける。わずか数秒の勝負だ。

へえ、そうなんだ！
改造車がものすごいスピードでかっとばす。そんな法律を無視した危険なレースを、1951年にウォーリー・パークスが合法的なスポーツへと変身させた。そして設立された全米ホットロッド協会は、今もレースを主催している。

この先どうなるの？
コースのまんなかにジャンプ台をつくっちゃったドライバーもいるんだって。半分は走って、半分は空中を飛んでいくというわけだ！

ドラッグカーにはギアが１つしかない。ギアチェンジのひまがないからね。

流線形のボディ　ボディは軽量で細長く、先がとがっている。だから、矢のように空気を切りさいて走ることができるんだ。

コックピット

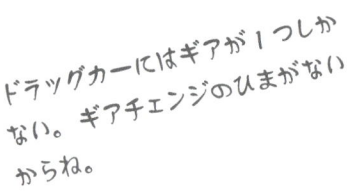

- ２つのインペラーの歯がかみあって回転し、空気を取りこんで圧縮する
- ローラーベアリング
- インペラーが回転する
- 空気がキャブレターへと吹きだす
- 空気が吸いこまれる
- ケーシング
- ベルトで回転するプーリー（滑車）。エンジンからの動力を１つ目のインペラーに伝える
- １つ目のインペラーの回転は、ギアを通して２つ目のインペラーに伝わる

✳ スーパーチャージャーの仕組み

スーパーチャージャーという装置が高圧で空気を圧縮し、エンジンに送りこむ。すると、エンジンが取りこむ燃料も多くなり、スピードとパワーが上がるんだ。インペラーという、ねじのような形の部品が２つ入っていて、これが吸気口から空気を取りこみ、排気口からキャブレター（燃料と空気をまぜあわせる装置）へと吹きだす。インペラーを回すのは、エンジンからつながるベルトかチェーン。ターボチャージャーとも似ているけれど、スーパーチャージャーがエンジンから直接動力を受けるのに対して、ターボチャージャーは扇風機みたいなタービンを使うんだ（P26も見てみよう）。

前輪　前輪が小さいのは、重量と空気抵抗をおさえるため。フロントウイングは浮きあがろうとする前輪をおさえつける。

燃料タンク

フロントウイング

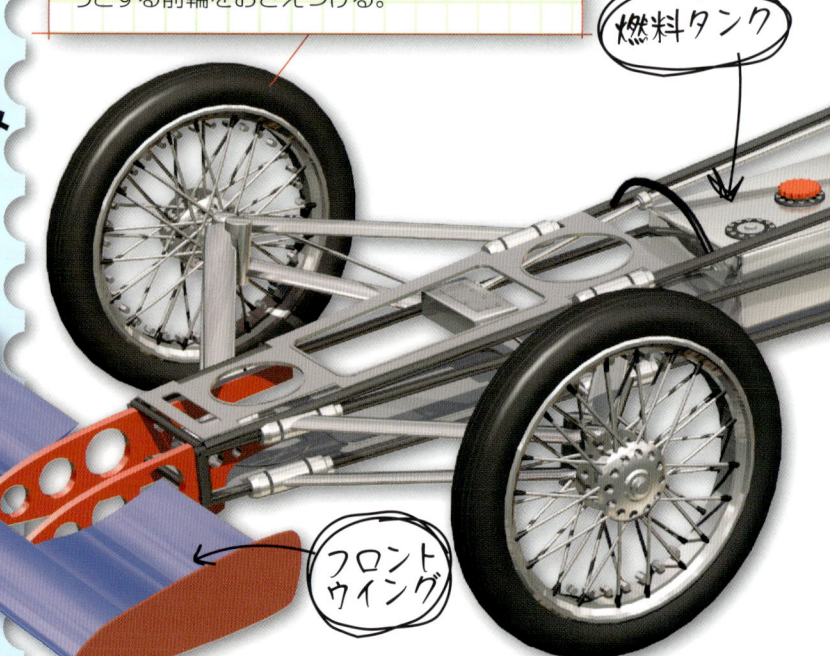

20

>>> 自動車・バイク <<<

トップフューエルドラッグカーの大きなリアタイヤは、レースを5回、合計で2キロメートルも走らないうちにすりきれてしまう。ふつうの自動車のタイヤなら、3万キロメートル以上走れるんだよ。

煙と炎を吹きだしながら、タイヤをあたためる。

✲ へんてこな儀式

ドラッグレースには、エンジンの大きさや燃料のタイプによって、種類もクラスもいろいろあるけれど、スタート前に必ず見られる光景がある。バーンナウトといって、車をとめたまま、アクセルを全開にし、巨大な後輪をわざと空転させてあたためるんだ。そうすると、タイヤがやわらかくなり、スタートダッシュのときに、しっかりと地面をとらえることができるんだよ。

一番速いドラッグカーは、時速530キロメートル以上のスピードでゴールラインをかけぬける。イギリスの高速道路の最高速度とくらべると、5倍の速さだよ。

ロールケージ 金属製パイプでできたカゴのようなフレームで、ドライバーはこの中にすわる。車が横転したときにドライバーを守るんだ。

計器パネル

インテークマニホールド（空気をエンジンに取りこむ）

リアウイング

スーパーチャージャー

太くて短いマフラー

後輪 ものすごく大きくて、やわらかく、溝のないスリックタイヤを使う。ドライバーのシートもエンジンも車体の後方にあるので、その重みでタイヤがしっかりとおさえつけられる。

ドラッグカーの中でも一番速く走るトップフューエルタイプだと、1回のレースでおよそ20リットルの燃料を消費する。これはファミリーカーの800倍の量だ。

V型8気筒スーパーチャージャー レースで使われる最大級のエンジンは排気量8200cc。スーパーチャージャーは5000馬力以上のパワーを出すことができる。

合金パイプ製のシャーシ 軽量だけどじょうぶなシャーシ（車体のメインの骨格）に使われるのは、さまざまな種類の合金。

21

4WD オフローダー

4つの車輪すべてをエンジンの力で動かす車を四輪駆動車（4WD）とよぶ。四輪車で四輪駆動なら4×4、四輪車だけど駆動輪（エンジンの力で回転させる車輪）が2つの場合は4×2、六輪車で四輪駆動なら6×4ともいうよ。4WDはATVに最適。ATVとは全地形対応車といって、やわらかい砂地でも、べちゃべちゃの泥地でも、けわしい岩場でもへっちゃら。どんな地面でも走れちゃう車だ。

へえ、そうなんだ！

1900年代に4WDをつくった設計者の一人にフェルディナント・ポルシェがいる。スポーツカーやレースカーで有名なポルシェという会社をつくった人だよ。ポルシェ最初の4WDは4つの車輪を動かすため、すべての車輪に1つずつ電気モーターをつけていた。ちなみに、自動車の進行方向は前輪だけで決めるのがふつうだけど、4WDの中には4つの車輪全部で進行方向を決めるものもあるんだ。

この先どうなるの？

イギリスの軍隊では、オフローダーに車輪を2本追加してテスト走行をしている。スリップしやすい道では、この2本がおりてくるので、しっかりと地面をおさえつけられて、すべらないんだ。

ハンビーの分解図

シュノーケル エンジンに空気を取りこむためのパイプは背が高いので、深い川をわたるときも大丈夫。エンジンルームに水が入らないんだよ。

ハンビーはエンジンの吸気口や排気管、電気系統の配線などが工夫されている。深さ1メートル以上の水の中でも走れるようにね。

カムフラージュ ハンビーのように軍隊で使う車は、まわりの景色にまぎれこんで、見つかりにくいもようにぬられている。こういうのをカムフラージュというんだ。

ハンビーとよばれる軍用4WDはアメリカをはじめとする多くの国の軍隊が使用している。

ラジエーター 岩場を走ってもこわれないように、ラジエーターの下側はがんじょうな金属板で守られている。

ライト

けん引フック

✱ 4WDの仕組み

フロント（車体の前方）にエンジンがのっている場合、プロペラシャフトという長い軸を使って後輪に動力を伝える後輪駆動車もあるけど、最近では前輪駆動車がほとんどで、ドライブシャフトという短い軸で前輪を動かすんだ。そして、この両方のシステムを取りいれているのが4WD。つまり、4本の車輪全部がエンジンの力で回転するというわけ。だから、あれた道でも、すべりやすい道でもしっかりと地面をとらえることができる。特に、トレッド（溝）が深くきざまれたタイヤを使うと、地面をとらえるグリップ力は増すんだ。4WDではデファレンシャルという装置が前輪と後輪それぞれにある。デファレンシャルは右の車輪と左の車輪の回転速度をかえて、内外輪差を吸収する装置なんだ。コーナーをまわるときに、外側の車輪が内側の車輪よりも速く回転しないと、曲がることができないからね。

フロントデファレンシャル　前輪を動かすドライブシャフト　エンジン　トランスミッション　後輪を動かすドライブシャフト　トランスファーケース　フロントプロペラシャフト　プロペラシャフト　リアデファレンシャル

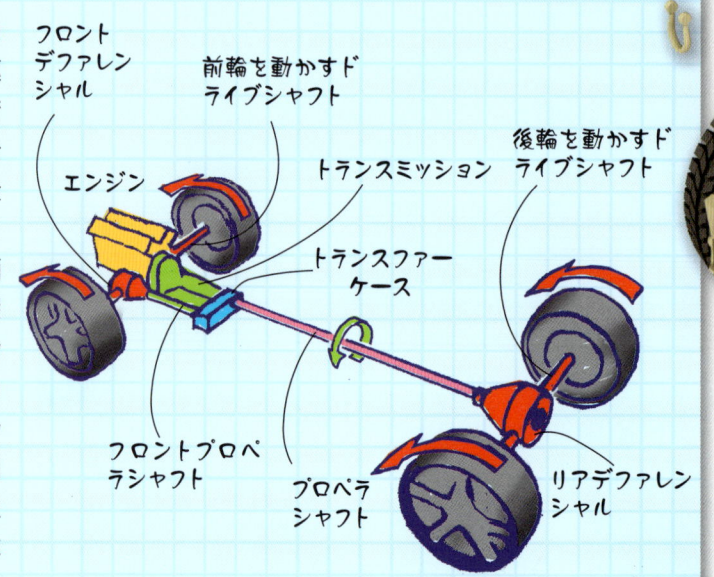

ハンビーはものすごくがんじょう。輸送機にのせて、上空からパラシュートをつけて落下させたって大丈夫なんだ。

>>> 自動車・バイク <<<

マシンガン 屋根の上に回転砲台があって、すごくがんじょうな板（装甲）で守られている。ここに強力なマシンガンを設置することができるんだ。

装甲 銃弾や地雷などの危険から車を守るため、ぶあつくて、じょうぶだけど、軽い金属の板が車体のほとんど全部をおおっている。

ハンビーという名前の由来は、すばやく動けて、いろんな目的で活躍できる自動車という意味のイニシャルHMMWV。

高い位置にある排気管

どんな路面でも走ることができるハマー

筋肉もりもり、マッスルマシン！

軍用ハンビーの民間バージョン（一般の人たちがのる）がハマーH1だ。4WDには他にもいろいろな種類があって、田畑や牧場、山林、いなか道での仕事や探検に、あるいはオフロードのドライブを楽しむために使われている。アメリカの俳優で、政治家でもあるアーノルド・シュワルツェネッガーは、環境にやさしい水素燃料で走るように改造した「エコ・ハマー」をもっているんだよ。

エンジン ハンビーのような軍用の4WDには、排気量6500ccの燃料噴射式ディーゼルエンジンが搭載されている。

シャーシ 柱のように太くて長いレールがたてに2本と、横向きの短い棒が数本あって、メインの骨組みをつくっている。

ラリーカー

ラリーは、どんな道でも走っちゃう過酷なレースだ。一般の公道を閉鎖しておこなう場合もあれば、どろんこの道、森の中、氷や雪の道、砂漠などのきびしいコースを設定することもあるし、レース場でおこなうこともある。ラリーカーは、市販車をベースにして、エンジンやシャーシ、サスペンションをパワーアップするために、一部を改造したり、機械部品を強化したりしているんだ。

へえ、そうなんだ！

今ではGPS（人工衛星を使って現在位置を知るシステム）を利用したカーナビゲーションが使われているけれど、以前は迷子になって、ゴールにたどりつけないドライバーもいたんだって。

一番長くて、一番過酷なレース。それがダカールラリーだ。2008年まではヨーロッパの都市から、西アフリカのセネガルという国の首都ダカールまで、1万キロメートルをこえる距離を走っていたんだ。コースのとちゅうにはサハラ砂漠が横たわっている。2009年から、レースの舞台は南米にうつった。

✳ サーキットレース

ストックカーとは、ふつうの市販車に改造を加えて、正式のサーキットで競争できるようにした車のこと。もちろん改造の内容はルールにしたがっている。アメリカではNASCAR（全米自動車競争協会）がレースを開催する。オーバルとよばれる大きなだ円形のコース上を、時速300キロメートル以上でぶっ飛ばすんだよ。

NASCARのコースを走るストックカー

タフなサスペンション ラリー中には車体が大きくゆれることもあるけれど、スプリングやダンパーなど、サスペンションの各部品がその衝撃を吸収する。

リアデファレンシャル 穴や溝に車輪がはまったとき、デファレンシャルをロックすると、左右の後輪が同じスピードで回転し、脱出することができる。

低くした車体

ブレーキ ラリーカーはすごいスピードでコーナーに入る。コーナーをまわる直前にぐっとブレーキをふみこむから、がんじょうなブレーキが必要なんだ。

ラリーカーは4WDで、排気量2000ccのターボチャージャーエンジンをつんでいる。

> ## この先どうなるの?
> 水陸両用車が発明された。ふつうに道路を走るための車輪と、船のように水上を走るための浮きとプロペラがついているんだよ。

>>> 自動車・バイク <<<

世界ラリー選手権では、世界のあちらこちらを転戦しながら、15〜16のレースが開催される。

ロールバー じょうぶなパイプでできたフレームで、乗員を守る。車室の内側に組みこまれていて、車がクラッシュしたときに、ドアや屋根がへこむのをふせぐんだ。

内張り ドライバーとコドライバー（補佐ドライバー）の近くにあるかたい物はすべて、やわらかいあて物がしてある。でこぼこ道ではねても、けがをしないようにね。

ステアリングのラックアンドピニオン

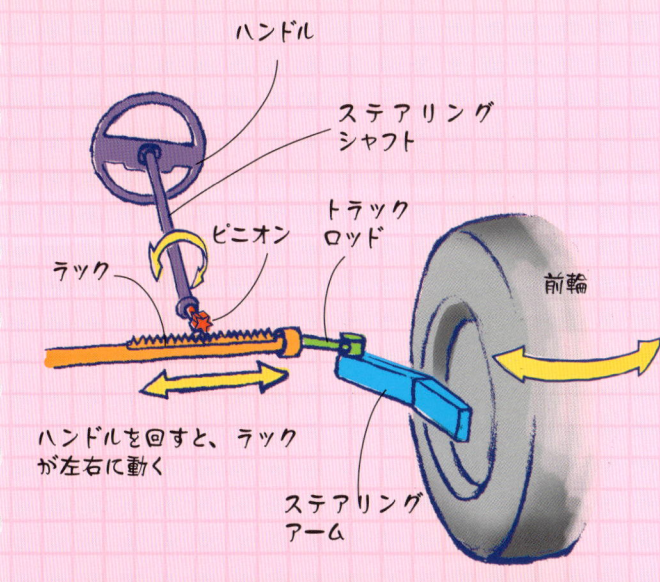

ハンドルを回すと、ラックが左右に動く

✴ 車が方向を変える仕組み

車のハンドルが取りつけられているのは、ステアリングコラムという長い棒で、その下の端にピニオンとよばれる小さな歯車がついている。このピニオンが回転すると、ラック（歯のついた細長い板）が左右に動く。ラックの両端にはトラックロッドとよばれる短い棒がついていて、さらにステアリングアームとよばれる棒にボールジョイントでつながっている。ステアリングアームは前輪の軸（ホイールハブ）に固定されている。それで、ラックが左右に動くと、トラックロッドとステアリングアームも動くんだ。ステアリングアームは、前輪の向きを左右に変えるレバーの役わりをはたすんだよ。

チューニングした横置きエンジン エンジンは燃料の消費量をおさえながらも、最大限のパワーを発揮できるよう、慎重に調整される。そうすることで、燃料の量をへらすことができるから、給油回数もへらせるんだ。

オルタネーター（発電機）

スポットランプ

25

ピックアップトラック

重い荷物を運ぶなら、ピックアップトラックが一番。小さいトラックだけど、力持ちで、荷物をのせるための荷台がついているんだ。座席が1列で、2～3人のりのものもあれば、座席が2列のものもある。リアサスペンションは強くてかたいので、ふつうの車ほど、のり心地はよくないんだよ。

へえ、そうなんだ！
自動車の歴史がはじまって間もないころ、車体のうしろを切りとって、木製の台をのせた人たちがいた。これがピックアップトラックの始まりだ。T型フォードをベースにしたピックアップトラックの大量生産が始まったのは1925年のこと。

この先どうなるの？
折りたたみ式のコンテナをつんでいるピックアップトラックもある。このコンテナはトレーラーハウスみたいな移動式の居住空間になるんだよ。

ピックアップトラックのレースは速くてはげしいモータースポーツだ。改造を加えたトラックが、時速200キロメートル以上で疾走する。

エンジン ピックアップトラックの多くがディーゼルエンジンをつんでいる。重くて、うるさいエンジンだけど、パワフルだし、調整や手入れがしやすいんだ。

アメリカの移動サーカスには、ピックアップトラックの荷台に上手にのるよう訓練されたゾウがいるんだよ。

（着色ガラス）

※ ターボディーゼルの仕組み

ディーゼルエンジンはガソリンエンジン（P14も見てみよう）に似ているけど、ちがうのは点火プラグがないところ。空気と燃料の混合気はシリンダーの中で高い圧力をかけられることで高温になり、爆発する。ターボチャージャーはスーパーチャージャー（P20も見てみよう）に似ている。だけど、ターボチャージャーの場合、エンジンに空気を送りこむインペラーを動かすのは、排気ガスで回転する扇風機みたいなタービンなんだ。

- 排気ガスがタービンとインペラーを回転させる
- インペラー
- タービン
- 排気ガスを外へ
- 吸気口
- 燃料噴射器
- 排気バルブ
- 吸気バルブ
- 排気ガスがターボチャージャーに流れこむ
- 圧縮された空気をターボチャージャーがエンジンに送りこむ
- 噴射された燃料と空気の混合気が、圧力を受けて爆発する
- クランクケース
- コンロッドがクランクシャフトを回転させる

タイヤ ピックアップトラックのタイヤは、ぶあつくて幅広。とてもじょうぶなので、重みを分散させることができる。また、ごつい溝があるので、やわらかい地面でもしっかりとらえることができる。

（フォグランプ）
（ターボ）

オーストラリアでは、ピックアップトラックのことを「ユート」とよぶことがある。「便利な車」という意味だよ。

>>> 自動車・バイク <<<

車室 後部座席には、荷物をのせたりおろしたりする人たちがすわることができる。そのかわり、後部座席があると、荷台が小さくなってしまうんだ。

荷台 荷物をのせる台は金属製で、強度を増すための段がついている。フックにはロープやヒモをかけて、荷くずれをふせぐことができる。

南アフリカでは、ピックアップトラックを「バッキー」とよぶ。食パンを焼くための型という意味なんだって。似ているのかな!?

ライト 農場などで、車からはなれたところにある荷物を集めてのせるときのために、ふつうの車よりも明るいライトが、前にもうしろにもついているんだ。

マフラー

プロペラシャフト

サイレンサーボックス

ランニングボード ドアの下に、平らな板がついている。ふつうの車よりも床が高いので、のりこむときにふみ台にするんだ。

✳ 運びのプロ

ピックアップトラックにはいろんな大きさ、いろんな形の荷物をのせられるから、いろんな使い方ができるんだ。雨の日にはタープ（あるいはターポリン）とよばれる防水シートをかけて、荷物を守る。半トン積みのピックアップトラックは、荷物を500キログラム（0.5トン）まで安全に運ぶことができる。大型だと1トンの荷物をつむことができるんだよ。

ピックアップトラックは、どんな荷物だって運べる。

27

バス

お客さんをのせて走るバス。サービスの内容によって、種類もいろいろだ。あまり多くのお客さんをのせず、長距離を走るバス。座席もやわらかで、足ものばせるし、快適だ。逆に、できるだけたくさんのお客さんをつめこんで、町中や市内を走るバス。ときには立ってのらなくてはならない。ディーゼルエンジンではなく、電気で走るバスも出てきたよ。騒音も、有害な排気ガスも出さないようにね。

へえ、そうなんだ！

1700年代のバスは「のり合馬車」とよばれるもの。馬が引く荷台のまんなかに、ベンチが2つ、縦方向におかれていた。乗客は前やうしろではなく、横を向いて、背中合わせにすわるんだ。側板は低いし、屋根もなかったから、雨や風をふせぐことができなかったんだよ。

この先どうなるの？

最新の長距離バスには、映画を見るためのモニターや、音楽を聴くためのイヤフォンなどが装備されている。まるで、長距離便の飛行機だね。

自動ドア 運転手がボタンを押すと、電気の力でドアが開き、お客さんがのることができる。

世界最大級のバスの1つが、中国の上海市から出ているスーパーライナー。長さが25メートルもあって、乗客定員は300人。角を曲がるときには、車体も曲がるんだよ。

ラックアンドピニオン型ステアリング

ワンマンバス 最近のバスはほとんどがワンマン。つまり、運転手が料金を集めたり、キップを配ったりもするんだ。だけど、運転手のほかに、料金を集めるための車掌がいるバスもあるよ。

✳ 折れ曲がるバス

古い町は道がせまく、急な曲がり角も多いので、車体の長いバスには不向きだ。たとえばロンドンの「ベンディ」など、連接バスは車体が2つつながっている。ふつうのバスよりもっと急な角だって曲がることができるんだ。車体が3つつながっている連接バスもあるんだよ。運転手はCCTVとよばれるカメラとモニターで、車体の一番うしろまで見ることができる。

ロンドンの連接バス

>>> 自動車・バイク

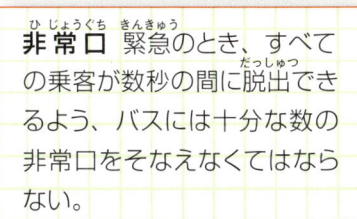

非常口 緊急のとき、すべての乗客が数秒の間に脱出できるよう、バスには十分な数の非常口をそなえなくてはならない。

トラムやトラムカーは、電車のように線路の上を走る。日本では路面電車とよばれるね。

手すり

ベンチレーター 屋根に換気用のパネルがあって、これを開くと新鮮な空気が入ってくる。

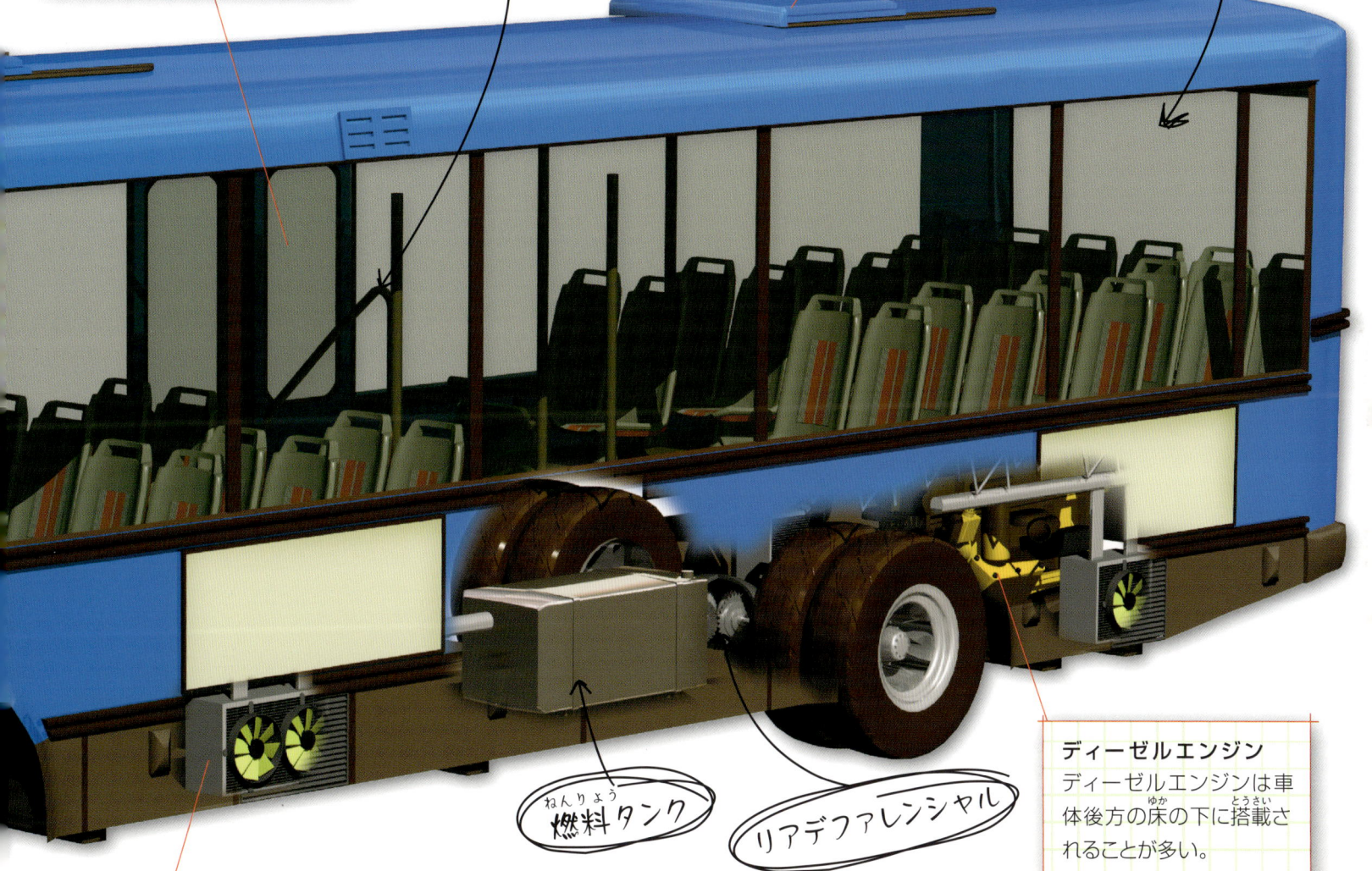

景色がよく見えるまど

燃料タンク

リアデファレンシャル

ディーゼルエンジン ディーゼルエンジンは車体後方の床の下に搭載されることが多い。

エアコン 外の気温が下がれば暖房、上がれば冷房がかけられる。

トロリーバスは電気バス。空中にはられた架線とよばれる電線に長いアームをふれて電気を受けて走る。

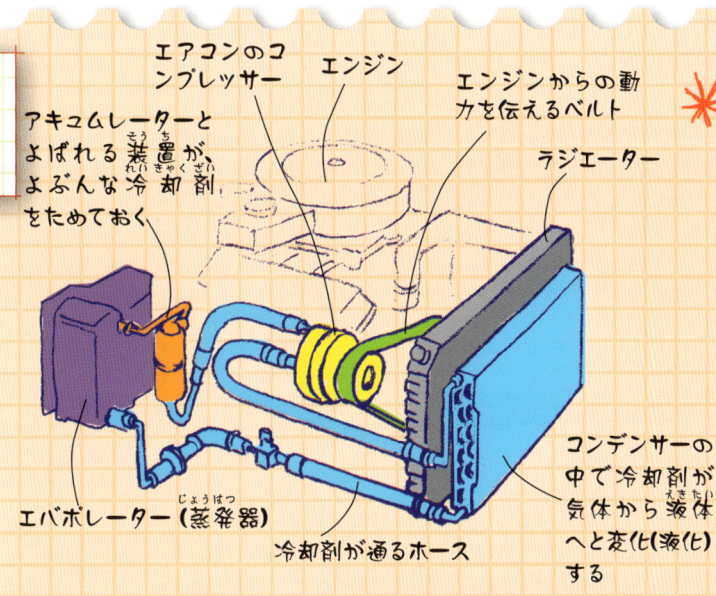

エアコンのコンプレッサー

エンジン

アキュムレーターとよばれる装置が、よぶんな冷却剤をためておく

エンジンからの動力を伝えるベルト

ラジエーター

エバポレーター（蒸発器）

冷却剤が通るホース

コンデンサーの中で冷却剤が気体から液体へと変化(液化)する

✳ エアコンの仕組み

車内の温度を調節するエアコンは、冷蔵庫によく似た仕組みで動く。パイプの回路を冷却剤という気体が流れていて、これをコンプレッサーとよばれる装置が圧縮すると、気体が液体に変わる。その過程で、熱が発生するんだ。回路の次の部分では圧力が下がるので、液体になった冷却剤がぼう張し、蒸発する。つまり、ふたたび気体にもどるんだ。そして、この過程でぐっと冷却されるんだよ。

トレーラートラック

エンジンと運転席がついているトラクターが、荷物を運ぶトレーラーをけん引する。こんな連接トラックをトレーラートラックとよぶ。運転席と荷台がくっついているトラックは急な曲がり角が苦手。だけど、トレーラートラックなら、らくらくと曲がれるよ。トラクターにつなぐトレーラーを、別のものにかえることもできるんだ。

へえ、そうなんだ！

1910年代に最初のトレーラートラックをつくったのは、チャールズ・マーティンという人。いつもは馬に引かせていた荷車を、トラクターのようなトラックにつなげたんだ。トラクターとトレーラーを連結させるために、第5輪（下の説明も見てみよう）というのを考え出したのもマーティンだよ。

この先どうなるの？

多くの国で、トラックの重量や長さが制限されている。だけど、新しいスーパーハイウェイ（高速幹線道路）がつくられたら、規制がゆるめられて、100トントラックや、もっと大きいトラックが見られるかもね。

アメリカ、ハワイ州にあるショックウェーブは消防車の姿をしたジェットトラック。ジェットエンジンを2基つんでいて、時速600キロメートルを出すことができる。でも、火事のときに、だれよりも早く現場にすっ飛んでいくのではなくて、ショーで走るのがこの「消防車」の仕事なんだ。

トレーラー

トレーラースタンド トレーラーをトラクターから切りはなす。トレーラー前部の重量を支えるのは、がんじょうな金属製の足だ。

センチピードとよばれるトラックには、まるでムカデの足のように、車輪がたくさんついている。その車体は長さ55メートル、重量205トン。働く車の中でも、一番長いトラックだ。

✳ 第5輪の仕組み

トラクターとトレーラーを連結するのが第5輪。トレーラーの前方下側についているキングピンがもちあがっていって、トラクター後部にあるU字型の第5輪にガチャンとはまりこむんだ。トラクターに連結したトレーラーは左右に動くことができるし、道路のでこぼこに合わせて少し上下に動くこともできる。

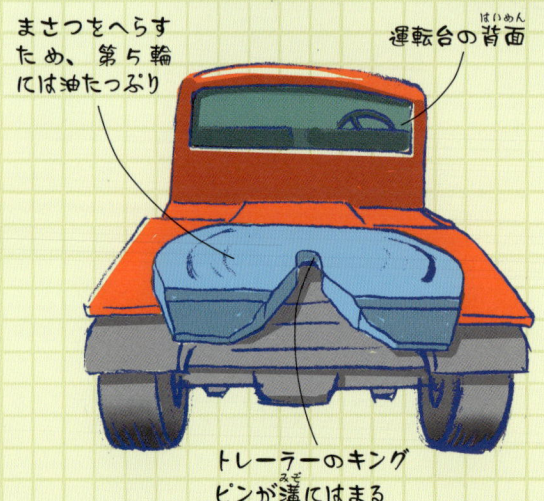

まさつをへらすため、第5輪には油たっぷり

運転台の背面

トレーラーのキングピンが溝にはまる

>>> 自動車・バイク <<<

1台のトラクターが数台のトレーラーを引っぱる。その姿はまるで、何両もの貨車を連結した貨物列車。それがロードトレインだ。中には長さが1000メートル、重量が1000トンをこえるものもある。

ルーフフェアリング 積載量40トンの大型トラックでも、車体を流線形に近づければ、空気抵抗が少なくなる。すると、スピードも上がるし、燃費もよくなるんだ。

アメリカでは、連結トラックのことをセミトレーラー、けん引車をトラクターとよぶんだ。

変速機 大型トラックはすいている道を荷物ものせずに飛ばすときから、30トンもの荷物を引っぱりながらけわしい山道をのぼるときまで、あらゆる状況に対応できるよう、10個の変速ギアがある。

トラクター

バイザー（日よけ）

第5輪

エンジン トラックのターボディーゼルは排気量が11リットル、13リットル、16リットル……そしてもっと大きいものまであるんだ。

キングピン

燃料タンク ファミリーカーの燃料タンクにはおよそ70リットルの燃料が入る。大型のトラクターなら500リットル、もっと大型のものなら2000リットルをこえる燃料を入れることができる。

✲ 極寒の地を走る

遠くはなれた地まで、湖の上を走っていくのが一番の近道だという場合もある。もし、湖がこおっているのならばね。アイスロードトラッカーは、冬の北極圏を走り、荷物を運ぶプロだ。たとえば遠い遠い鉱山へ。木材の伐採地へ。トラッカーたちは無線で連絡を取りあい、雪の吹きだまりや氷の割れ目、あるいは氷が薄くなっている場所などの情報を交換する。

こおった湖の上を走るトレーラートラック

レッカー車

だれだって、路上で車が突然動かなくなったら困るよね。立ち往生している運転手を助け、故障車を引っぱるトラックが登場したのは、1900年代。多くの人が車にのるようになってすぐなんだ。だいじなのは、道路をふさいでいる車をどかすことと、故障車を危険な場所から移動させ、修理工場へと運ぶこと。この仕事は夜にしなければならないかもしれないし、大雨や濃いきり、あるいはふぶきの中でしなければならないかもしれない。だから、故障車をけん引するレッカー車には、どんな状況にも対応するためのパワーとじょうぶさが必要だ。

へえ、そうなんだ！

はじめてのレッカー車をつくったのは、アーネスト・ホルムズという整備士。アメリカのテネシー州チャタヌーガに住んでいたホルムズは、1913年型のキャデラックに金属製の支柱3本と、チェーンと滑車を取りつけ、故障車をけん引する仕事を始めたんだって。

この先どうなるの？

自動車工学の専門家たちは、コンピューター制御される高機能な電子機器の研究、開発につとめている。故障の場所をセンサーで見つけだし、すぐに無線でレッカー車をよぶというものだ。

※ ウィンチの仕組み

ウィンチのワイヤーは金属製のじょうぶなもので、ゆっくりとドラムにまきとられていく。レッカー車の種類によって、車のバッテリーを動力源としたパワフルなモーターでウィンチを動かすものもあれば、車のエンジンで動かすものもある。歯車がドラムの回転速度を落とせば落とすほど、回転の軸にかかる力（トルク）はぐんぐん強くなる。ワイヤーがまきとられる速度はうんとおそくなるけれど、その分、すごく強い力で故障車を引っぱったり、もちあげたりできるんだ。

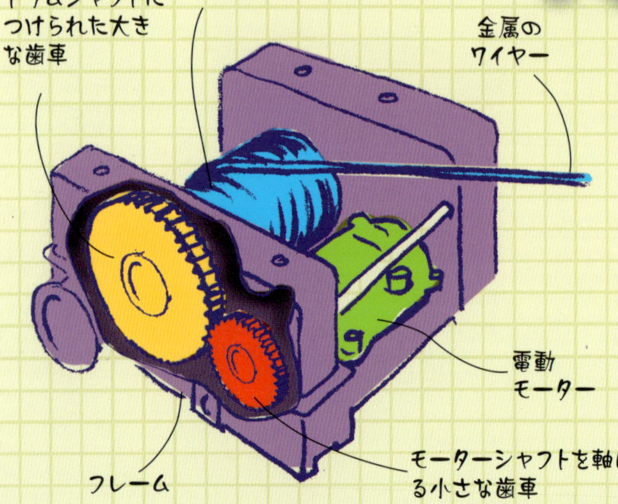

パワフルなエンジン ターボディーゼルエンジンには、すごいパワーが必要だ。けん引する車、される車の両方を動かさなくてはならないし、故障車が道路からそれてとまっていたら、やわらかい地面の上でけん引の作業をしなければならないからね。

カウンターウェイト 車体のうしろにすごく重い車をつなげると、車体の前の方がもちあがってしまうので、カウンターウェイトとよばれるおもりをつけ、車体の前を地面におさえつけるんだ。

ドラムシャフトにつけられた大きな歯車
ドラム
金属のワイヤー
電動モーター
フレーム
モーターシャフトを軸にする小さな歯車

バイザー
エアフィルター

世界最大のレッカー車は、キャタピラー793という大型トラックを改造したもの。重量400トンをこえる巨大な運搬車をけん引するため、鉱山で活躍している。

アメリカのテネシー州チャタヌーガ。アーネスト・ホルムズが最初にけん引の仕事を始めた場所のすぐ近くの都市だが、国際けん引車両の殿堂博物館がある。

イギリスの自動車協会（AA）は1905年に設立された。パトロール隊員は、1940年代の後半に無線機をもつようになるまでは、定期的に本部に電話をかけ、近くに故障車両がないかを確認していた。

>>> 自動車・バイク <<<

回転灯

ウィンチ まきあげフックにつながる金属製のワイヤーが、ゆっくりとウィンチのドラムにまきとられる。

ブーム 2本の力強い油圧ジャッキが、ブームとよばれるアームを動かす。フックを使わなくても、L字型の先端を故障車の前方下側にはめこんで、もちあげることができる。

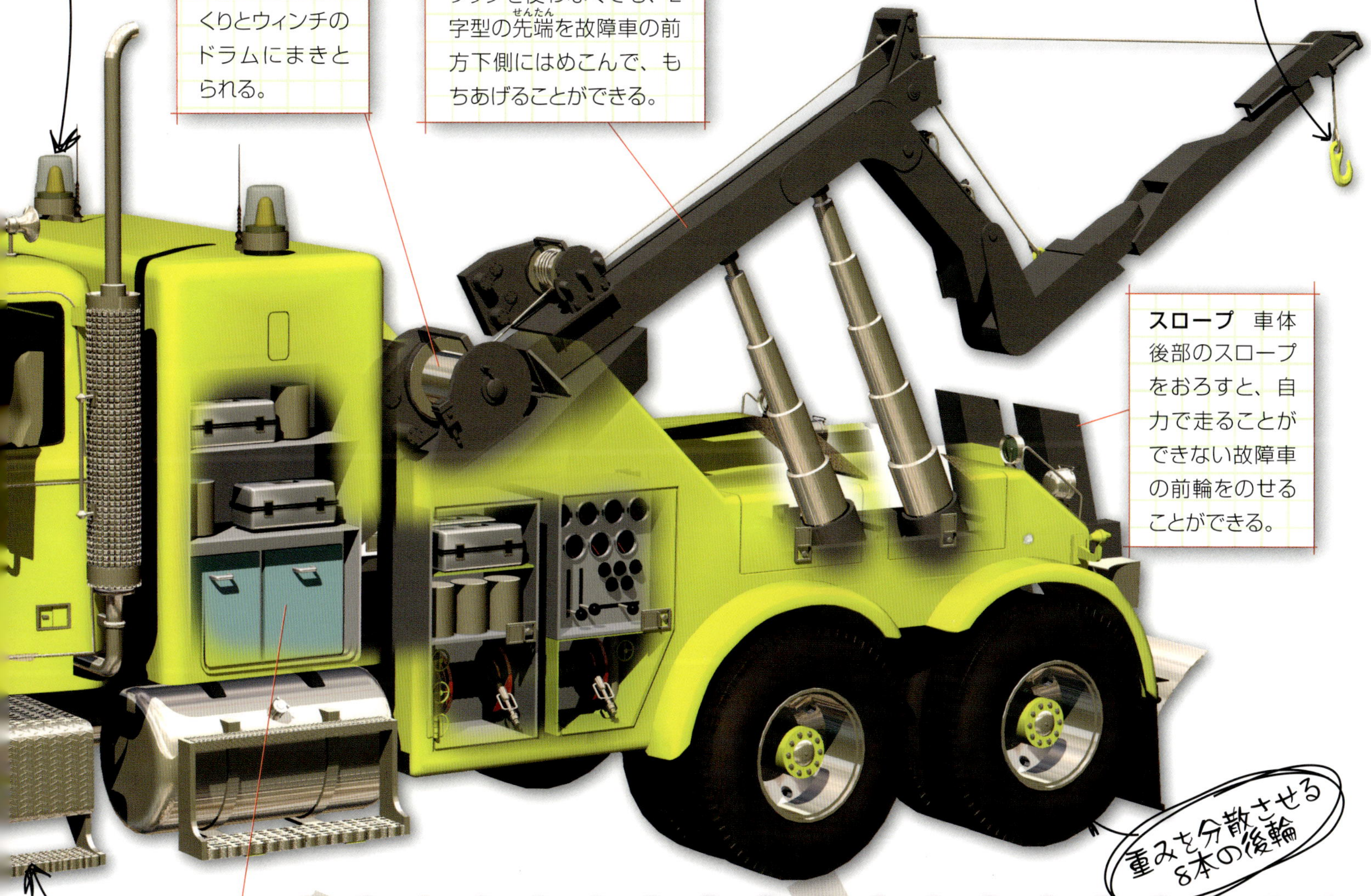

イギリス最初の自動車団体は、故障車を助けることを目的に1897年に設立されたイギリス自動車クラブ(RAC)。1912年には、はじめて道路上に緊急電話を設置した。

フック

スロープ 車体後部のスロープをおろすと、自力で走ることができない故障車の前輪をのせることができる。

重みを分散させる8本の後輪

ステップ

工具 大きなツールボックスにはスパナやバール、ドライバー、カッターなど、だいじな道具が入っている。

故障車を運ぶ平台型のトラック

✷ 上げたり、下ろしたり

レッカー車にはいくつかの種類がある。クレーンのようなブームをもつものは、溝や川などから車両をつり上げることができる。アームとウィンチをもつものは、安全な場所まで故障車を引っぱっていく。そして、平台とよばれる平らな荷台をもつもの。この平台は後方にスライドし、道路におろすことができる。故障車をウィンチで平台の上に引きあげてから、今度は平台を荷台の上までスライドさせてもどすんだ。

33

消防自動車

大きな事故が起きたとき、まっさきにかけつけるのが消防自動車。それは火事のときだけじゃないんだよ。洪水や交通事故が起きたときも、だれかが穴に落ちたり、高いところからおりられなくなったりしたときも、助けに来てくれるんだ。火事のときには、燃えているのが木なのか、プラスチックなのか、ガソリンなのか、火の種類によって、放水したり、特殊な化学物質のあわを噴射したりするんだよ。

へえ、そうなんだ！

最初のころは、消防設備をのせた荷台を人か馬、あるいは人と馬が力を合わせて引っぱっていた。アメリカのニューヨークでは1841年から、ロンドンをはじめとするイギリスの都市では1850年代から、蒸気機関で走る消防車が使われるようになったんだ。

この先どうなるの？

イギリスの消防隊員は定期的に新しいサイレン音をテストする。だけど、まず「近くでテストするよ！」と、みんなに知らせるんだ。子犬の鳴き声のようなサイレン音もあるからね。

サイレン サイレンを鳴らすのは、電動モーターで回転するファン。トランペットを鳴らすみたいに、ファンがパイプへと空気を送りこむ。空気がパイプに入るときに、特殊な形の穴を通りぬけるので、サイレンの音が鳴るんだ。

回転灯

✳ のびるはしご

消防車の回転台に取りつけられた多段式のはしごがのびていく姿は、望遠鏡がのびるようすを想像させる。30メートルの高さにまでとどくものもあるけれど、これは10階建てビルと同じ高さなんだ。はしごのてっぺんにいる消防隊員と、下ではしごを操作する隊員とが無線で連絡を取りあい、はしごをちょうどよい位置につける。そうして、炎の上から放水したり、消火剤のあわを噴射したりする方が、横方向から吹きつけるより効果的に消火ができるんだよ。

英語では、消防や救急の緊急出動要請を「シャウト」っていうんだって。

エンジン 消防車のディーゼルエンジンは、定期的に始動点検するんだ。出動するとき、確実に動くようにね。

はしごの先端は、火事現場の上方にまでのびている。

>>> 自動車・バイク <<<

ホース 1組目のホースが近くの水源から水を吸い上げ、2組目のホースで火元に放水する。ホースをまきとるリールを回転させるのは、電動モーター。

ねじこみ式でパイプをつなぐ

水を吸い上げるパイプ

※ 液圧式装置の仕組み

消防自動車のカッターや伸縮するはしごなど、液圧式の装置は水や油などの液体に高い圧力をかけることで動く。長い距離を動かす小さな力を、短い距離を動かす大きな力へと変えるのが、てこの原理。液圧式の場合、液体がてこの役わりをはたすんだ。細いピストンを小さい力で押すと、液体のすみずみまで圧力がかかる。この圧力が伝わると、太いピストンは大きな力で押されることになる。なぜかというと、圧力のかかる面積が大きいからなんだ。

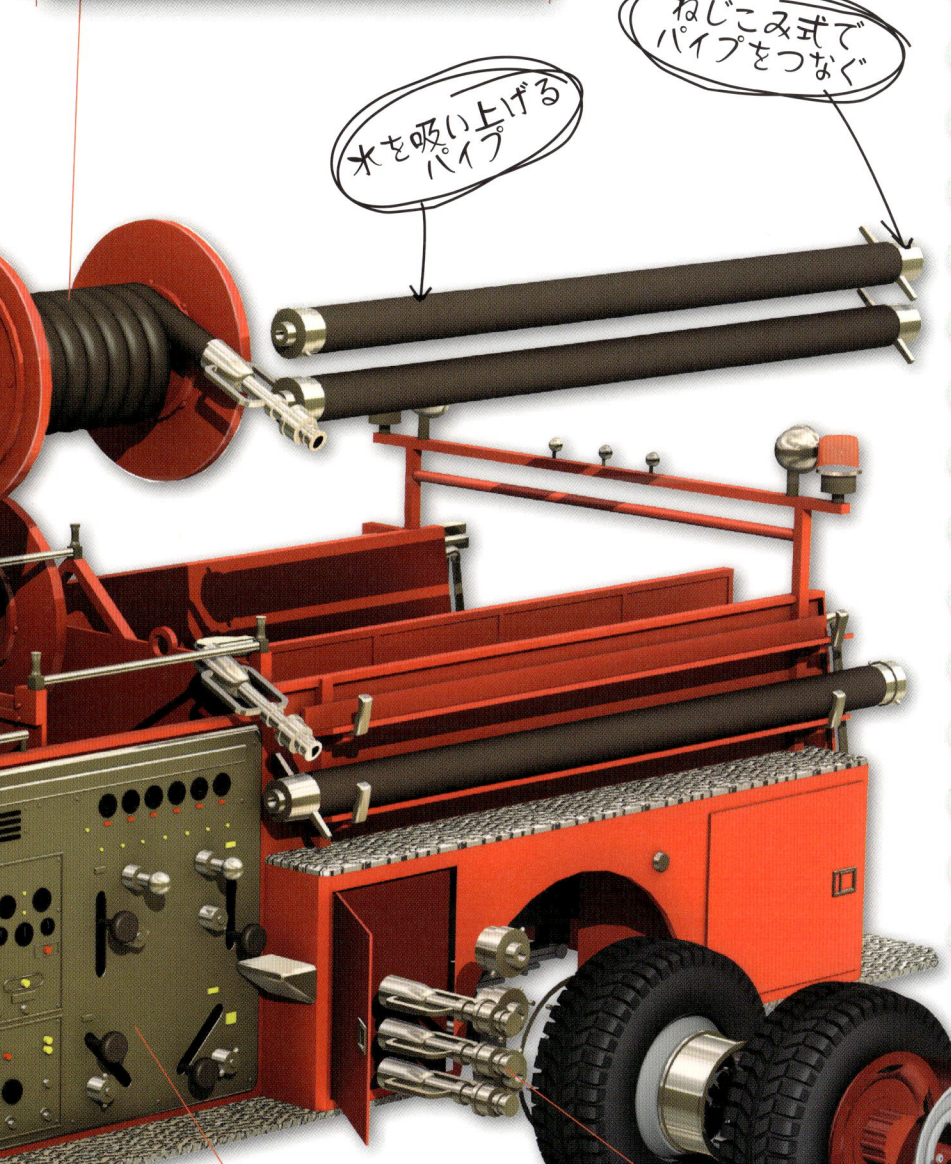

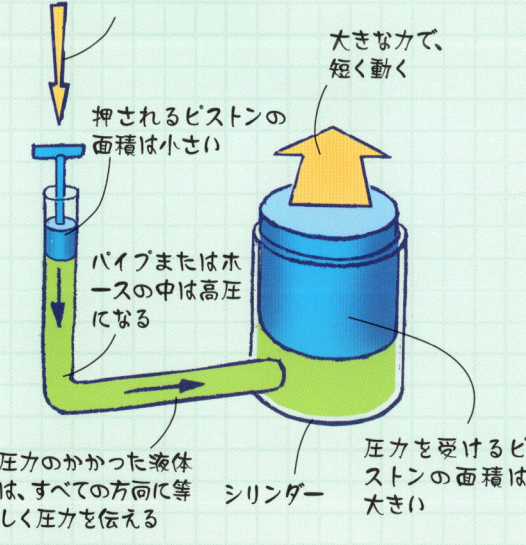

小さな力で、長く押す
押されるピストンの面積は小さい
パイプまたはホースの中は高圧になる
圧力のかかった液体は、すべての方向に等しく圧力を伝える
シリンダー
大きな力で、短く動く
圧力を受けるピストンの面積は大きい

ホイールハブ

ロンドン消防隊は250台以上の消防自動車を所有している。そのうち30台ははしご車だよ。

コントロールパネル スイッチなどの制御装置を使って、噴射の圧や量をチェックし、メインのポンプの水または消火剤をホースから噴射させる。

とても強力なポンプをつんでいる消防車もある。放水距離はなんと、70メートルをこえるものもあるんだ。

ツール 標準的な消防自動車には、油圧式のカッターやスプレッダーなど、たくさんの便利な道具がつみこまれている。スプレッダーはディーゼルエンジンからの圧力を受けて動く道具で、事故や火事の現場でドアや車両を切りさいたり、押し広げたりするんだ。

分解図

用語解説

インペラー
ファンやタービンのように、ななめに取りつけられた羽根をもつ部品。回転することによって、ガスや液体を高い圧力で噴出させる。

ウィンチ
ロープやワイヤーをゆっくりだが、力強くまきとる装置。

液圧式
油や水などの液体に、高い圧力をかけて物を動かす方式。

カーナビゲーション
宇宙を航行するGPS（衛星を使って、現在位置などを調べるシステム）衛星から無線信号を受けとって現在位置を調べ、目的地への経路をさがす装置。

ガソリンエンジン
内燃機関（シリンダーの内部で燃料を燃焼させるエンジン）の一種で、燃料であるガソリンを点火プラグで爆発させるもの。

ギア
歯車のこと。歯のついた車どうしがかみあって、片方を回転させると、もう一方も回転する。またはスプロケットのこと。2つの車の歯に、輪状のチェーンやベルトの穴がかかって回転するものをスプロケットとよぶ。たとえば、エンジンと駆動輪の間で、回転の速度や力を変えるときに使われる。ほかに、回転の方向を変えるときも、ギアが使われる。

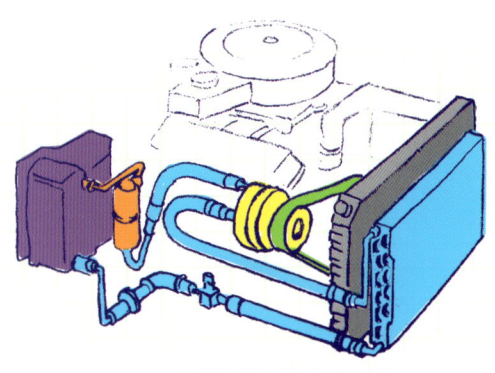

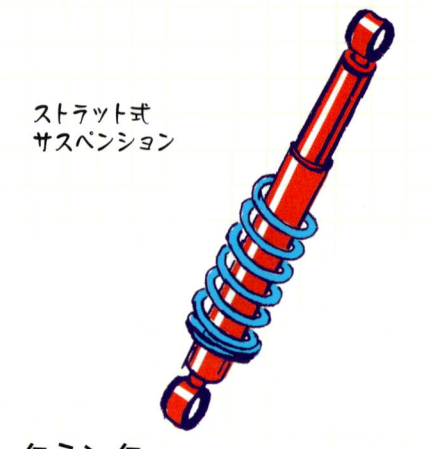
ストラット式サスペンション

クランク
回転するシャフトまたは車軸の一部でL字に曲がった部品。またはシャフトにつながったうでのような部品。たとえば、自転車のクランクにはペダルが取りつけられている。

クランクシャフト
エンジンの中心的な回転軸。ピストンが上下に動くことにより、回転する。

合金（アロイ）
強度や軽さ、耐熱性をひじょうに高めるため、2種類以上の金属、あるいは金属と金属以外の物質をとかし合わせたもの。

コンロッド
エンジンの部品で、ピストンとクランクシャフトをつなぐ。

サイレンサーボックス
排気システムの一部で、爆発したガスがエンジンから排出されるときの音を吸収する。マフラーや消音器ともよばれる。

サスペンション
車にのっている人に道路のでこぼこが伝わらないよう、車輪に上下する余裕をあたえる装置。または、車やバイクのゆれをおさえ、のり心地をよくするシステムのこと。

シャーシ
車のフレーム、つまり基本構造をつくる骨組みで、車の強度を決める。ここにエンジンやシートなど、ほかの部品がのせられる。

ジャイロスコープ
回転するものがその回転を続けようとして、姿勢を安定させ、動いたりかたむいたりするのをこらえる性質を利用した装置。運動の速さや方向などをはかるのに使われる。わくの中でとても速く回る、ボールや車輪でできている。

シリンダー
エンジンの中の部品。シリンダーの中にはぴったりサイズのピストンがあり、上下に動く。

スプロケット
チェーンホイールともよばれる歯車。歯車どうしがかみあうギアとはちがって、スプロケットの場合、歯車どうしはかみあわない。2つの歯車は輪状のチェーンやベルトなどでつながっている。

スリックタイヤ
溝やもようがほとんど、あるいはまったくないタイヤのこと。通常は、かわいた道路を走るときに使用される。

スロットル
エンジンに流れこむ燃料と空気の量をふやし、スピードを上げるための装置で、アクセルともよばれる。

タービン
まるで扇風機のように、回転するシャフトに羽根がななめにつけられた装置。ポンプや車からジェットエンジンまで、さまざまな機械に使われる。

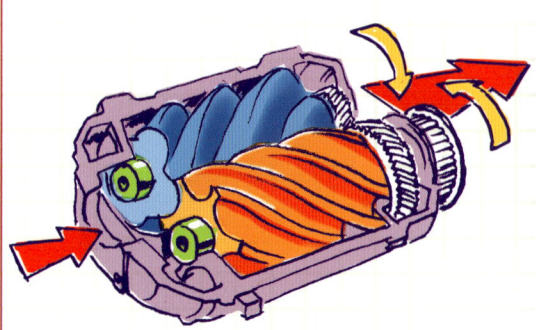
ターボスーパーチャージャー

>>> 自動車・バイク <<<

ターボ
タービンを利用するエンジンやポンプなどの装置。

ダンパー
急なゆれや振動などを軽くする部品。車両のサスペンションに使われる場合には、ショックアブソーバーともよばれる。

ディーゼルエンジン
ディーゼル燃料を使う内燃機関（シリンダーの内部で燃料を燃焼させるエンジン）。点火プラグを使うのではなく、圧力だけで燃料を爆発させる。

ディスクブレーキ
車輪には平らなディスク（円ばん）が取りつけられていて、車輪といっしょに回転する。2つのパッドやピストンが両側から円ばんをはさみこんで、回転速度を落とすブレーキシステムをディスクブレーキという。

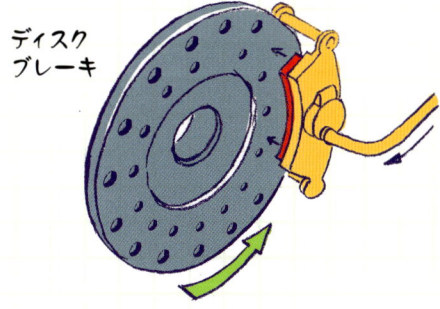
ディスクブレーキ

ディレイラー
多くの自転車に採用されているギアチェンジ用の装置で、ひとつのスプロケットから別のスプロケットへとチェーンを移動させる。また、大きさの異なるスプロケットにチェーンが移動しても、たるみが出ないよう、チェーンをぴんと張るのもディレイラーの役わりだ。

デファレンシャル
車両が方向を変えるとき、左右の駆動輪を異なる速度で回転させる部品。カーブに対して外側の車輪は少し速く回転しなければならない。内側の車輪よりも大きく曲がるため、距離が長くなるからだ。左右の車輪

第5輪

が同じ速度で回転したら、車体は大きくゆれたり、横すべりしたりする。

トラクター
トレーラートラックで、エンジンや運転台がついているけん引車両。

トランスミッション（変速機）
エンジンからの回転運動を車輪の軸に伝える装置で、ギア、ギアボックス、プロペラシャフトなどから構成される。

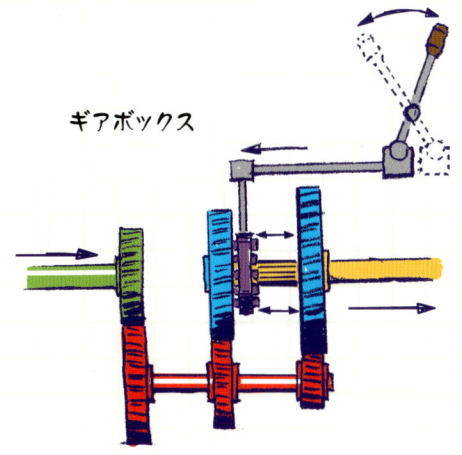
ギアボックス

ハイブリッドカー
たとえばガソリンエンジンと電動モーターのように、2種類以上の動力源をもつ車。

バルブ
水道の水栓のように、物質の流れや移動の量を調節する部品。または、エンジンに入っていく燃料と空気がまざり合った「混合気」の量を調節する部品。

ピストン
太い棒状の部品で、形は缶づめやジュースなどの缶に似ている。シリンダーとよばれる筒の中にぴったりはまっていて、その中で上下に動く。

ベアリング
回転するシャフトや車軸とフレームがこすれあってすりへるのをふせぎ、効率よく動くためにつくられた部品。

まさつ
2つの物体がこすり合わさると、物体がすりへったり、運動エネルギーが音や熱に変わって失われたりする。この現象がまさつだ。

ラジエーター
車などののり物には、たとえばエンジンなどから出る熱を冷やす装置がある。この装置には表面積が大きくなるように、たくさんの羽根板が取りつけられている。エンジンからの熱であつくなった水はラジエーターの中を通り、冷却されてからエンジンにもどっていく。

ラック
ラックアンドピニオン型ステアリングに使われるギアで、歯のついた細長い板のような形をしている。

連結式
のり物では、頭からおしりまでまっすぐなのではなく、つなぎ目があって、折れ曲がることができる形式。

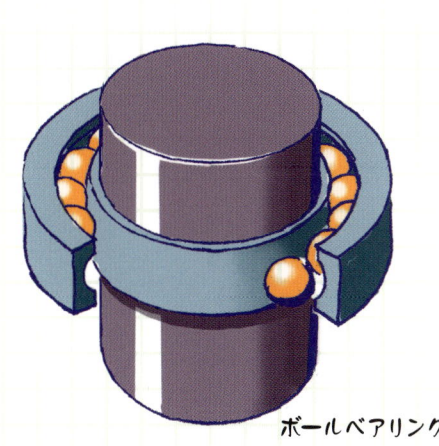
ボールベアリング

37

● 著者
スティーブ・パーカー
科学や自然史の書籍を数多く執筆・監修しており、その数は 200 冊をこえる。動物学理学士の学位取得。ロンドン動物学会のシニア科学会員。

● イラストレーター
アレックス・パン
350 冊以上の書籍でイラストを描いている。高度なテクニカル・アートを専門とし、各種の 3D ソフトを使って細部まで描き込み、写真のように精密なイラストを作りあげている。

● 訳者
五十嵐友子
（翻訳協力：トランネット）

最先端ビジュアル百科 「モノ」の仕組み図鑑 ❷

自動車・バイク

2010 年 6 月 25 日　初版 1 刷発行
2013 年 3 月 25 日　初版 2 刷発行

著者／スティーブ・パーカー　　訳者／五十嵐友子

発行者　荒井秀夫
発行所　株式会社ゆまに書房
　　　　東京都千代田区内神田 2-7-6
　　　　郵便番号　101-0047
　　　　電話　03-5296-0491（代表）

印刷・製本　株式会社シナノ
デザイン　高嶋良枝
©Miles Kelly Publishing Ltd　Printed in Japan
ISBN978-4-8433-3344-0 C8650

落丁・乱丁本はお取替えします。
定価はカバーに表示してあります。